雁鴨

台灣雁鴨彩繪圖鑑

蔡錦文◎著

綠指環，打造一座紙上自然生態天堂

在台灣，生物學家只要談到自然生態，幾乎開宗明義都會說：「台灣雖然不大，但生態卻是非常的豐富……」的確，台灣，這個位居歐亞大陸東南一隅的海上小島，因著地球史上的種種因緣際會，形成了一座豐富多樣的生態天堂。

台灣南北縱向狹長的版圖，有著明顯的溫度差異，生物也富於許多變化。由於板塊的擠壓，造成從海平面到最高的玉山山頂，直線距離不到100公里，高度卻陡然拔升3000公尺，氣候也從熱帶到高山寒帶；在這溫度與氣候多變，山勢起伏，植被蓊鬱的山林中，確實蘊藏著豐富多彩的生態資源。

近年來，國人愛好、親近自然的人口大幅增加，生態保育團體也如雨後春筍般地一一出現，顯示著從前人們為了維護生計、追求利益而大量犧牲、破壞環境的作為，逐漸有了反省；尤其近年來地球天災人禍不斷，更讓急於建設開發的許多人開始放慢腳步，正視並關懷人與自然共存相依的關係。在此時刻，自然生態知識的普及更是社會之所需。

商周綠指環系列，是以本土創作為主軸的自然生態叢書，我們期望將自然生態各領域的優秀人才，長期累積的研究調查成果，以最生動、最親和、最嚴謹、最創新的方式編輯成書，希望能與讀者共同關心我們居住的環境，將生活延伸到自然天地，將自然帶進家居生活，同時期許將來有一天，我們的文化精神能回復從前的土地倫理觀，與自然臍帶相連。

綠指環系列規劃有三個方向：

1. 綠指環圖鑑書：在編輯上來說，大致分為兩類，一類是以物種做為分類介紹，是較專業而嚴謹的圖鑑，符合專業使用需求，是完完全全精確翔實的工具書。另一類則是從觀點出發，對生物、生態斜切縱剖，找出各種觀察角度，採活潑、好玩、有趣的走向。畢竟，自然的偉大，可以很科學，也可以很好玩。

2. 綠指環生活書：認識物種只是親近自然的開始，要經營自然生活，除了必須偶爾走入自然外，更希望能引領讀者將自然引進生活，將自然融入家居生活文化。

3. 綠指環百聞館：包含自然生態趣聞、博物誌、自然雜學、環境保育等主題的文字書籍出版，讓閱讀自然更輕鬆、更鮮趣、更廣博。

自然就在我們身邊，就在我們心裡。綠指環的自然魔法，期待一新你的視界與世界！

商周出版發行人

作者序

從這個數字開始

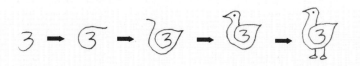

當這本書即將完成的時候，我忽然想起一個問題，那就是我為什麼這樣喜歡畫鳥？仔細思索自己的成長過程，我訝異原來生命的軌跡早有伏筆，只是未曾察覺。小時候，母親給我一枝筆，不是教我寫自己的名字，她教我畫一個數字「3」，還教我看著鴨子，說這個3可以變成一隻鴨子，然後握著我的手就這麼看著3神奇地變成了一隻鴨子，所以，鴨子是我這輩子所畫的第一隻鳥。我愛上鳥似乎是天經地義的事，有一次過年，大人讓我們選自己喜歡的玩具，弟妹各自選了玩具槍，我則獨鍾一隻會游泳的企鵝，愛不釋手，將它視為寶貝，這種從小就有的愛好已經無從解釋。

後來，我發現這隻由3變成的鴨子可以有更多的變化，於是給牠加上了腳、冠羽、尾羽等等，那時候我很專心觀察各種鳥的特徵，時時握著一枝鉛筆，隨處可畫，甚至和奶奶一起等火車也可以蹲在地面上畫，於是我的鴨子佔據了家裡的牆壁，進駐到衣櫥櫃子的門板，或許柱子上也有一些，總之，紙張不夠我畫，我就畫在其他地方，我的鴨子也愈來愈多樣，有一天看見美麗的孔雀，就讓鴨子長出孔雀的羽毛；看見烏鴉，那麼就有全黑的鴨子。長大之後常有人誇讚我有繪畫天份，我想這天份應該來自這隻「3變成的鴨子」吧。

雁鴨對許多賞鳥人而言似乎沒什麼挑戰性，因為牠總是那麼按照時節來去，又常常一大群出現，一大群悠閒地在水畔休息、理羽、覓食，非常容易觀察。可是，當我要開始寫這本書的時候，才發現相關資料的貧乏，尤其是國內雁鴨研究的部分，連最基本的，來台灣度冬的雁鴨都吃些什麼，也不明確，我僅能就一些粗略訊息了解，這種是吃植物性食物，那種是吃動物性食物或者是雜食性，因為從來沒有人做過台灣度冬雁鴨的食性探討。感覺雁鴨是如此平凡和親切的鳥類，可是對牠卻又一知半解，所以我們想以輕鬆的筆調來介紹台灣雁鴨鳥類的世界，同時搭配許多詳細的繪圖，不但可以在家裡賞鴨，也可以帶到野外實地對照一番，這是寫畫這本書的目的。

我要感謝徐偉夫婦的賞識，沒有他們就不會有這本書的產生，同樣是愛書人，對於書的品質要求讓我感覺和他們合作真是與有榮焉；感謝好友Allen、芳如、蘭婷的不時鼓勵，在創作的路上不至於太孤獨；感謝碧員幫我潤稿，讓這本書生色不少也有趣得多，謝謝！

蔡錦文
2005.9.

雁鴨
台灣雁鴨彩繪圖鑑

【目錄】

第一章　雁鴨學堂

誰是雁鴨

說起雁鴨，你的第一個聯想不知是什麼，是不是都和民生物資有關？羽絨製品、雕刻鴨、宜蘭鴨賞或北京烤鴨，從前，我自己便有如此的聯想。

的確，除了雞之外，雁鴨是與人類淵源最為久遠的一群鳥類。許多人對於雁鴨的印象很熟悉，但又不是那麼地了解，無論是看見鴨的「型態」、聽見鴨的「聲音」，或是真的吃進嘴裡的「鴨肉」，很少有人會指鴨為雞。不過，因為雁鴨和雞同是現代家禽主流，所以將牠們視為同類的也大有人在，或者根本就分不清牠們之間有何關係。雞和鴨雖然都已是人類豢養的家禽，在分類上也同樣屬於鳥綱，但牠們其實分屬不同目不同科，雞為雞形目雉科，雁鴨則是雁形目雁鴨科。

在地球上已經生存了二十幾萬年的雁鴨，大都有著扁狀錐形的嘴巴、全蹼腳趾、翼鏡、特殊的鳴聲、行為以及生態習性等，掌握這些特徵，就足以和其他鳥類明顯區分開來。在野外，我們偶爾會看到幾種容易被誤認為是鴨子的鳥類，牠們同樣生活在水域，譬如紅冠水雞、白冠雞或者小鸊鷉，仔細看，牠們與雁鴨其實大不相同，學習分辨，就是賞鴨樂趣之一。況且，當我們面對一群真正的雁鴨時，看看牠們的水中嬉戲，聽聽牠們發出的叫聲，通常就能脫口而出：「那是鴨子！」即使還不能清楚分辨是哪一種雁鴨，但在我們腦海中，雁鴨的概念其實早已成型。

家禽中除了雞鴨外，喜歡夜市小吃的人應該不會忘了還有「鵝」，鵝也屬於雁鴨科的一員。在台灣

紅冠水雞是秧雞科鳥類，在台灣的池塘、水澤濕地普遍常見。繁殖季節時常可見黑茸茸的小雞跟隨親鳥漂浮在水草岸邊，親鳥除了一邊警戒週遭的狀況之外，還得忙碌地餵食小雞。

由於雞、鴨、鵝等家禽早已普遍為人熟知，因此在野外賞雁鴨，也不難與其他野鳥立即分辨。圖為呂宋鴨（左）與灰雁。

的雁鴨科鳥類，名字的最後一字不外就是鵝、雁、鴨、鳧、秋沙等，不過，頗受歡迎的國王企鵝，雖然也有「鵝」之名，但牠不屬於雁鴨科，當然也不是真正的鵝。

春秋兩季候鳥遷徙，是鳥與賞鳥人最忙碌的季節。台灣位處東亞候鳥遷移路徑上的其中一站，每年南來北往的候鳥及過境鳥，數量多達三百餘種，佔所有紀錄鳥種的60%以上。雁鴨在這些季節候鳥中，可說是較容易觀察的一群，況且，牠們的度冬地往往就在河川下游到河口，這一帶剛好也是人類聚落甚至城市的所在；因此，和其他賞鳥活動比較起

白冠雞也屬於秧雞科，和紅冠水雞有親戚關係，在台灣則屬於冬候鳥。牠的腳趾較紅冠水雞寬扁，更適合在水中游泳，也較常潛水嬉戲或覓食。當牠和大群雁鴨混群出現時，很容易被誤以為是鴨子，不過只要從那一身的黑與喙端的白，就能清楚辨識。

來，看雁鴨要輕鬆得多，既不必雨淋日炙於海岸，也不用餐風露宿於高山，例如在台北市，只要花個幾塊錢的交通費，雁鴨就在淡水河沿岸幾處保護區等你了，又或是將賞鴨納入假日河濱公園自行車之旅的行程節目中，也能為休旅生色不少。當然，若要賞鴨之旅豐富扎實，出發前先做點功課更能助你滿載而歸，此外，選對季節也很重要，在台灣，牠們只放寒假不放暑假，秋冬才是賞鴨季節。

台灣有41種雁鴨，其中小水鴨、花嘴鴨及琵嘴鴨較常見，另外超過

鸕鷀屬於鸕鷀科，當然不是雁鴨，常成群聚集在較深水域的河、海覓食，休息時選擇在海岸峭壁或高大的樹木，棲息場所和雁鴨有明顯區隔。

（紅胸秋沙）

鸕鷀游水時，身體吃水的程度較鴨族中同樣擅於潛水的秋沙鴨來得大。

由於缺乏油脂腺，不像雁鴨可以將尾端分泌的油脂塗抹在羽毛上防水，因此，鸕鷀上岸後常將兩翅展開晾曬。

半數以上的雁鴨屬於迷鳥或稀有過境鳥，要在野外看見牠們，除了「鳥功」要好以外，運氣及地點的選擇也很重要，例如想看白額雁，到宜蘭的幾處溼地看見的機會較大；想看鳳頭潛鴨，那麼屏東的龍鑾潭則不會讓人失望。

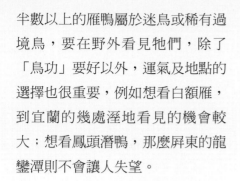

小鷿鷈是鷿鷈科鳥類，也常被誤認為是野鴨子，牠們活潑好動，擅於游泳潛水，卻不良於陸地行走，遇到危險也多半立刻潛水遁走，不似雁鴨拔腿振翅而飛。

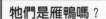

他們是雁鴨嗎？

飛行中的黑喉潛鳥（冬羽）

依水而生的鳥類中，潛鳥類也常被誤認為是雁鴨，從體型來分辨，如果說雁鴨的身體像船，那麼潛鳥類則有如潛艦，而企鵝就是魚雷了。（黑喉潛鳥）

鵜鶘從前也被稱為海鵝或布袋鵝，但牠也非雁鴨，屬於鵜鶘科的牠，有時卻被誤以為是天鵝。

雁鴨族譜

鳥類在地質史中，直到白堊紀才算有了初步的演化，到了新生代後期的鳥類，骨骼構造已與現生鳥類差異不大。現生雁鴨的祖先，可能來自白堊紀晚期陸地上的一種禽類，當時，牠們的生活型態不像現代雁鴨這麼親近水域。從歐洲和北美洲各地所發現的化石——頭蓋骨及翅膀碎片來判斷，雁鴨可能起源於北半球；但也有學者以現生較為古老的雁鴨種類——生活在澳洲的鵲鵝（*Anseranas semipalmata*）和南美洲的叫鴨科（Anhimidae）的骨骼型態及地理分布判斷，推論雁鴨的祖先可能起源自南半球，然後才逐漸擴散到北半球。

最近科學家在南極所發現的鳥類化石，證明是現代水鳥的直系祖先，屬於雁形目（Anseriformes），與雁鴨鳥類的親緣關係非常近，這似乎也間接證明了雁鴨起源自南半球的說法。目前發現和現今雁鴨鳥類最近的化石（類似秋沙屬，*Mergus*）則出現在第三紀中新世時期。

雁鴨科鳥類的世界分布

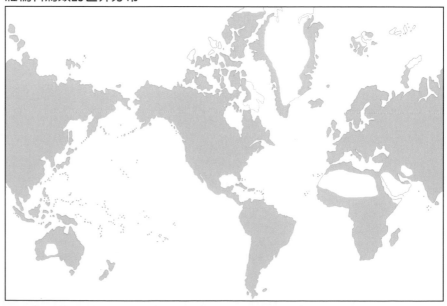

除了南極洲及沙漠地區，雁鴨廣泛分布於全世界，以北半球的數量較多。

然而，無論雁鴨起源自何處，從其化石分布甚廣的跡象來看，可以確定的是，早在很久以前，雁鴨的祖先可能就已經比其他鳥類更善於做長途旅行了。

傳統鳥類分類學上，雁鴨科（Anatidae）基於型態構造、跗蹠鱗片、聲音表現、換羽形式、地理分布及行為，被分為三個亞科：鵲鵝亞科（Anseranatinne）、天鵝亞科（Anserinae）及鴨亞科（Anatinae）。鵲鵝亞科及天鵝亞科的雌雄兩性外型一致，配偶關係比較長久；鴨亞科則大部分在兩性外型上有所差異，配偶關係也僅維持一個繁殖季節。鵲鵝亞科只有一種，即鵲鵝，牠們生活在澳洲及澳洲北邊鄰近的島嶼，沒有季節性遷移的行為；天鵝亞科及鴨亞科就是我們所熟知的雁鴨，大多數都會進行季節性遷移。

今日現存的雁鴨科鳥類，在全世界共有46屬158種（Howard 2003），除了在南極洲及沙漠地區看不到雁鴨以外，牠們分布於世界各地，而以北半球居多。台灣有發現紀錄的雁鴨共有14屬41種，也就是本書圖鑑所介紹的種類，牠們多數為冬候鳥及迷鳥，也有小部分雁鴨並沒有隨著家族北返而留下來繁殖下一代。

生活在澳洲的鵲鵝是古老的雁鴨種類，牠們群聚生活，有時數個家庭成員共同照顧所有的雛鳥。

全世界叫鴨科（Anhimidae）的鳥類只有三種，都分布在南美洲，是現生鳥類中和雁鴨親源關係較近的。圖為北叫鴨（*Chauna chavaria*）。

從外觀認識一隻鴨子

雁鴨是少數能同時適應陸地及水域生活環境的「三棲」鳥類，牠們既能在陸地行走、在天空中飛翔，也能在水中游泳。隨著環境的變遷以及對環境變化的適應，千萬年來的演化，在型態、結構和功能上，都已經和其他鳥類有了明顯的差異。在野外，每一種雁鴨都有各自獨特的身體構造及習性，也因而各自佔有特殊的生態區位（nich），牠們會選擇在適當的棲地覓食、休息、繁殖、換羽等等。但無論如何，牠們幾乎都有著屬於雁鴨的外

型特徵，以下就從外型上來介紹雁鴨特色。

船一樣的體型

漂浮水上的雁鴨，外型就像一艘小船，牠們有一個寬而修長的身體，體型從全長180公分的號手天鵝（*Cygnus buccinator*）到只有30公分的非洲小鵝（*Nettapus auritus*），大小差異頗大。如果依照體型及覓食形態來區分，雁鴨科約略又可分為以下四種類型。

1. **天鵝**：體型中至大型，脖子

雁鴨外型各部位名稱

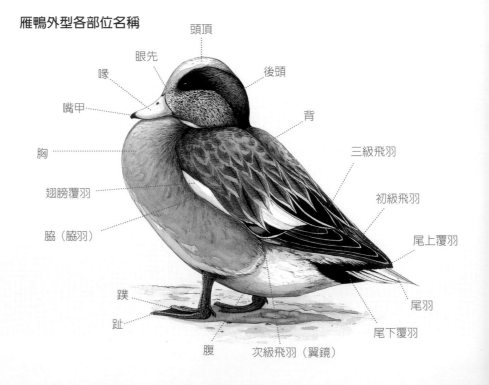

頭頂

眼先

後頭

喙

嘴甲

背

三級飛羽

胸

初級飛羽

翅膀覆羽

脇（脇羽）

尾上覆羽

蹼

尾羽

趾

尾下覆羽

腹

次級飛羽（翼鏡）

天鵝、雁、浮鴨、潛鴨的外型比較

潛鴨體型多比浮鴨大，雌雄可由外觀區別，有翼斑，站立時身體多挺胸。（白眼潛鴨）

浮鴨體型粗胖，雌雄可由外觀區別，有翼鏡，站立時身體多平行。（花嘴鴨）

雁的體型次大，脖子比天鵝短，但比一般鴨子長，除了雪雁外，多數體羽灰褐或黑色。（鴻雁）

天鵝是雁鴨家族中體型最大、脖子最長的，除了生活在澳洲的黑天鵝外，多數體羽潔白。（黃嘴天鵝）

較長，少潛水，取食水中的水生植物爲主。

2. 雁：體型中至大型，不潛水也甚少游泳，主要覓食植物。

3. 浮鴨（dabbling duck）：體型小至中型，很少潛水，在陸地或水中覓食，台灣的度冬雁鴨多屬於此類。

4. 潛鴨（diving duck）：身體大多呈圓形或細長，善潛水，一次潛水可達數分鐘以上，潛水深度不等，主要以水中動物爲食。

在台灣有發現紀錄的雁鴨中，以黃嘴天鵝的體型最大，棉鴨最小，兩者同屬迷鳥，人們欲一親芳澤得看運氣，或密切掌握鳥會及鳥友的訊息。爲數眾多的小水鴨是最普遍可見的小型雁鴨，觀看牠們成群翻飛起落，便是一大快事。早年，缺乏保育觀念的年代，關渡宮附近總是有人專門捕獲小水鴨，賣給香客放生，由於小水鴨體型小容易攜帶，常以數隻裝做一袋，買賣以袋計價。

寬扁的畚箕嘴

　　喙的功能對雁鴨而言，不外就是覓食、防禦、整理清潔羽毛。此外，在求偶過程當中，雄鴨喙部的色彩會變得較明亮，透露出身體強健的訊息，也是雌鴨的擇偶條件之一。多數雁鴨均有一寬扁呈圓錐狀的喙，喙的內部邊緣呈鋸齒狀，在覓食過程中可以過濾食物，對於一些以魚類為主食的雁鴨種類，例如紅胸秋沙，喙部鋸齒通常更加明顯，因此英名通稱為「sawbill」。此外，所有雁鴨的上喙尖端均有一盾形角質構造，也就是「嘴甲」，部分以陸地植物為食的雁鴨，例如豆雁，此構造較為發達。

一雙善游的蛙鞋

　　擁有一雙短而粗壯的蹼足，是所有雁鴨鳥類的特色。觀察一隻站立的雁鴨，可以看出腳的位置偏向身體後方，這就是為何雁鴨善於滑水卻拙於行走的原因。此外，為了游泳，牠們後腳趾退化，位置較高，三個向前的腳趾趾間有蹼。至於分布在澳洲的鵲鵝、非洲的距翅鵝（ *Plectropterus gambensis* ）及夏威夷的黃頸黑雁（ *Branta sandvicensis* ）等，是雁鴨家族的高個兒，因為牠們的腳相對較長，趾間蹼也比較不明顯。

雁鴨的各種嘴型

雁鴨均有一寬扁呈圓錐狀的喙，外型略有差異的喙可以反映不同的食性，例如吃草的灰雁，牠的喙相對較短而粗厚，喙內鋸齒構造明顯；赤膀鴨、尖尾鴨、綠頭鴨等其他雜食性的雁鴨，喙相對較細長，而經常濾食污泥中食物的琵嘴鴨，則有更為寬扁的嘴巴。

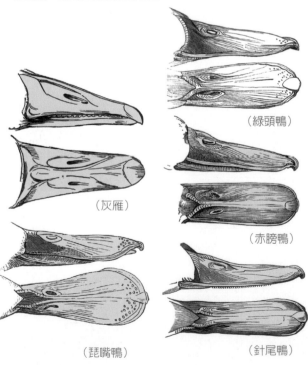

（綠頭鴨）

（灰雁）

（赤膀鴨）

（琵嘴鴨）

（針尾鴨）

大型的天鵝、雁或潛鴨類，需要靠助跑方能順利飛起，浮鴨類則通常直接自水面或地面起飛。雁鴨的蹼足對於起飛、降落、游泳，甚至最基本的支撐體重，仍然有很

浮鴨類的腳位於身體中央，起飛時只要往上一蹬振翅，馬上可以將身體拉起。
（綠頭鴨）

潛鴨類的腳稍微位於身體後方，起飛時必須要同時振翅和助跑。
（鳳頭潛鴨）

一群帆背潛鴨伸出蹼足，正準備降落。

各類型水鳥的腳

依水而生存的鳥類腳多有蹼，蹼的作用如同槳，可以使身體在游泳時快速前進。雁鴨鳥類的腳稱為蹼足，除了游泳之外，蹼足還可以幫助減緩降落時的力道衝擊。

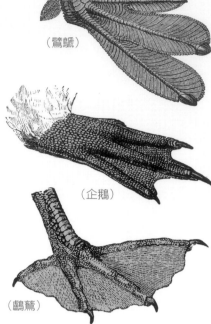

（鸊鷉）

（鴨）

（企鵝）

（燕鷗）

（鸕鶿）

美洲木鴨可以很靈活地停棲在樹幹上，牠又稱為「美洲鴛鴦」，和鴛鴦一樣都利用樹洞營巢。

大的助力。只有少數樹棲型雁鴨（perching duck），例如分布於亞洲的鴛鴦、樹鴨，以及分布於美洲的木鴨（*Aix sponsa*），腳爪就比較尖銳，抓握枝幹比一般雁鴨靈活。

短而夠力的翅膀

除了少數幾種翅膀已經退化的鳥類外，翅膀可說是鳥類活動、甚至逃生的重要工具。若沒了翅膀，鳥類便無法在天空遨遊，在水中馳騁（企鵝）。雁鴨的翅膀大多短而堅實，為了要帶動肥厚的身軀起飛，必須快速地拍動翅膀，所以翅膀以及胸部，皆有發育良好的肌肉，以便承載非常大的身體重量。

多數有季節性遷移習性的雁鴨，翅膀的次級飛羽上具有構造獨特的翼鏡（speculum，常見於浮鴨類）或翼斑（wing marking，常見於潛鴨類），翼鏡的功用可能是為了維繫同群雁鴨的活動，特別在飛行當中，幫助家族成員辨識彼此。浮鴨的翼鏡是帶有金屬光澤的綠色、青銅色或藍色，而潛鴨則是帶有斑紋的白色翼斑，相當美麗。

保暖的羽毛大衣

鳥類身上唯一一件大衣就是牠們的羽毛，長久以來，雁鴨的羽毛更為人類提供

翼鏡和翼斑的比較

浮鴨的翼鏡帶有金屬光澤的綠色、青銅色或藍色。（小水鴨）

潛鴨翼斑帶有白色斑紋。（鵲鴨）

羽毛各部位名稱

翅緣覆羽
翼上覆羽（大、中、小覆羽）
肩羽
三級飛羽
尾羽
初級飛羽
小翼羽
次級飛羽（翼鏡）
翼下覆羽
初級覆羽
初級飛羽
次級飛羽
三級飛羽
尾上覆羽
尾羽
尾下覆羽

了許許多多品質精良的羽絨製品，最頂級的羽絨就出自歐絨鴨（*Somateria mollissima*）身上。的確，雁

全世界四種絨鴨（eiders）都生活在靠近北極的地方，由於氣候寒冷，因此都有發展良好的絨羽。其中，歐絨鴨的體型最大，被人類利用較多，其羽絨品質比鴨絨或鵝絨細密精良。（歐絨鴨）

鴨有著非常厚實的羽毛，用來隔絕身體與外界的接觸，這件保暖大衣必須要隨時保持良好狀況，所以雁鴨們也花了許多時間戲水洗澡，清潔羽毛。此外，牠們還會用嘴將尾端上油脂腺分泌的油脂，塗抹在羽毛上，以確保良好的防水效果，因此，雁鴨科鳥類的油脂腺均相當發達。此油脂腺的位置就在背脊基部靠近尾端處，一個心型的肉質構造，也就是俗稱「鴨屁股」的部位。通常整理羽毛告一段落之後，牠們會不時地拍翅或將頭潛入水中再竄出，看起來就像

玩樂一般，其實是在洗澡。

　　一般鳥類都會換羽，而且換羽多數是漸進式的，飛羽和尾羽左右對稱，一雙接著一雙脫落，然後再長出雙雙對對新的羽毛，這種漸進式的換羽，對飛行多半沒有太大的影響。雁鴨換羽則很特別，牠們一年換兩次羽毛，第一次完整的換羽，大約是在夏天，通常在繁殖季節後進行。雄鴨會比雌鴨較早換羽，當雌鴨下完蛋後，雄鴨便拋家棄子，換羽去了，留下雌鴨獨力照顧雛鴨，並在此時換羽。

　　繁殖季節後的換羽期間，雄鴨的飛羽會全部一起脫落，此時的外型與雌鴨相似，稱為蝕羽（eclipse plumage），並且有一小段時間，大約幾週，無法飛行，這時也正是雄鴨最危險的時候，因此牠們會成群聚集、躲藏在灌叢水草間，遇到危險便立即游泳逃開。部分比較古老的雁鴨種類以及生活在南美洲的*Chloephaga*屬雁鴨，則沒有一次就完全換掉飛羽的機制。

　　雁鴨的冬季換羽是以部份換羽來進行，此時雄鴨已經換上美麗的婚姻羽毛，所以我們從外型上立即就能辨識出雌雄。多數的雁鴨在外型上並沒有明顯的冬、夏羽之分，而僅僅是在求偶期間才換上婚姻羽毛，具有明顯冬夏羽之分的長尾鴨，可以說是最為奇特的，讓人很可能就因此誤判為不同種。

（繁殖羽）

成年的鴨子一年進行一次的主要換羽，通常在生殖期之後，這段時間雄鴨換上和雌鴨一樣暗沉的羽毛，稱為蝕羽，因此雌雄在外型上不易區分，唯一足供辨識的地方只有喙部。
（蝕羽中的雄綠頭鴨）

鹽腺位於雁鴨的眼窩上方，圖中網狀區域為斑頭海番鴨的鹽腺位置。

鹽腺幫助牠們飲用海水

分布甚廣的雁鴨，隨著季節必須往返於度冬區與繁殖地之間生活，其間必然要有足夠的能力，適應世界各地不同的環境。依水生存的鴨子們，已經發展出一套可以隨著不同鹽度的水域環境而調整的額外腎臟——鹽腺。鹽腺位於眼窩上方，是用來過濾血液中過多的鹽分，而將身體需要的水分留下來，把鹽分從鼻子附近的腺管排出去。

棲息於不同環境的雁鴨，鹽腺大小略有差異，一般而言，海洋性雁鴨如帆背潛鴨、斑頭海番鴨（*Melanitta perspicillata*），由於牠們直接喝海水，鹽腺較一般棲息於淡水的雁鴨大，但又不如真正依存海洋生活的其他海鳥來得發達。

增加效率的性器官

目前發現，在交配過程中擁有突出體外性器官的雄性鳥類，大多屬於非燕雀目，例如鴕鳥、鷸鴕（Tinamous）、鳳冠雉（Curassows）、火雞、雞及雁鴨；燕雀目中僅有白喙牛鸝（*Bubalornis albirostris*）有此特殊的性器官。這種類似哺乳類陰莖的性器官，平常隱藏於泄殖腔內，交配時才充血突出。擁有類似陰莖性器官的鳥類，多為一夫多妻或一妻多夫制，然而對多數季節性一夫一妻制並在水中完成交配的雁鴨而言，這種特殊結構的安排，或許可以增加精子傳送的效率。

生活在非洲的白喙牛鸝，是雀形目鳥類中唯一有突出性器官的雄性雀鳥。

交配中的帆背潛鴨

雁鴨科鳥類的交配動作均在水裡完成，交配時，雄鴨咬著
雌鴨的羽毛，將雌鴨整個壓進水中，狀似粗暴，有時候讓
人誤以為雄鴨在欺負雌鴨。

交配中的天鵝

雁鴨私生活

在古老的諺語中，偶爾就有以雁鴨來形容人類情感的詞句，例如「交頸鴛鴦」、「孤鸞寡鵠」……等，其實這些都是對雁鴨行為未做深刻觀察的片面判斷，事實上，在自然狀況下，鴛鴦的配對關係僅僅只維持一個繁殖季，「只羨鴛鴦不

羨仙」如此的美句，充其量只適用於形容短暫的戀情或婚姻，認識雁鴨的私生活後，對於新人的祝賀詞，或許還是不要牽涉「鴛鴦」兩字才好；而鵠是大型雁鴨，牠也並非失去另一半後就守寡終生，純粹是不明就裡的人類觀點幫牠立了貞節牌坊，根據觀察，牠們通常很快找到另一半，開始美好的第二春。

隨著現今愈來愈多人投入賞鳥，以及各項動物研究的成果，人們對動物行為的許多知識也有了較正確的認知。近代動物行為學的研究，又藉由分子生物等等的技術，讓我們得以從演化的觀點到基因遺傳的預測，窺探並驗證許多觀察結果。而這些雁鴨私生活中的遷移、覓食、求偶配對及繁殖、銘印（imprinting）等行為，向來也是鳥類研究者的注意焦點。

逐水草而居的季節遷徙

一般出現在台灣的雁鴨，是在秋冬季節，由北方飛往溫暖的熱帶地區度冬，是典型的遷移性雁鴨族群；此所謂的「遷移」，指的是在

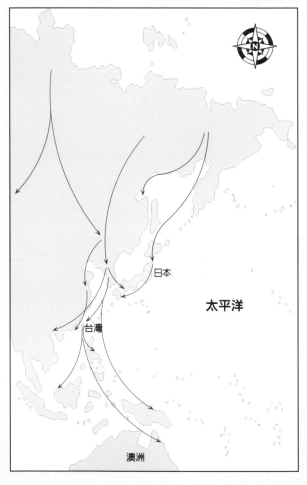

日本

太平洋

台灣

澳洲

亞洲兩個主要的候鳥遷移路徑。圖中紅色箭頭為沿著太平洋的「東亞路徑」，藍色則為走內陸的「中南亞路徑」。

繁殖地與非繁殖地間，動物族群進行季節性的規律移動。而原本生活在熱帶地區的雁鴨，則多為當地的留鳥，僅隨雨季或溼地洪水期，略做短距離的遷移，樹鴨便是一例。此外，至於換羽遷移（moult migration）的習性只發生在雄鴨身上，如前所述，牠們在繁殖季節後，集體遷移至隱密安全的地方，進行換羽。

長久以來，候鳥的遷移始終是個謎。古人關於候鳥季節性的突然造訪，常有許多天馬行空的臆測，例如古代的歐洲人，就以為天鵝每年往返於月亮和地球之間，而一般的雁鴨在夏天蟄伏於湖底泥巴中，冬天才紛紛冒出來；英國人甚至迷信白頰黑雁（*Branta leucopsis*）是從一種長得像藤壺的果樹中，蹦跳出來的，因此，白頰黑雁的英文名稱為 Barnacle Geese。

鳥類究竟何時開始有了遷移行為？為什麼要遷移？遷移的路徑及目的為何？儘管現今的研究技術，例如經由導航、捕捉標放，對於以上幾個疑問已經有了概括的認知，但我們至今仍很難清楚了解，真正挑起候鳥遷移慾望的是哪根神經。

遷移季節不分晝夜，大型雁鴨如天鵝、雁等多是由家族成員一起行動，排成「一」或「人」字形的隊伍。

每年秋冬，總有許多雁鴨從北方而來，經中國、日本、韓國到台灣，有的則繼續向南飛到菲律賓、印尼、馬來西亞或澳洲度冬。雁鴨一群群依著固定的路線，年年週而復始，趕在冬季來臨前南下，春暖花開時才又北返。如此往返數千公里的旅程，對一隻鴨子而言，負擔之大，實在令人驚訝，而雁鴨也自有其能耐來完成任務。

進行長距離遷移中的雁鴨，通常飛得很高，曾經有飛機駕駛員在海拔8000公尺高目睹一群飛行的天鵝，牠們順勢乘著大氣層噴射氣流造成的強大風勢之便，節省飛行體

力。常見的「人」字形雁陣，據說也有降低風阻之影響，也是一種節省體力的飛行方式。

遷移不分晝夜，但都需承擔巨大風險，首先得確保在遷移過程中能有足夠的能量補充，其次要適應不熟悉的地貌、地物以及天氣，還得避免方向定位錯誤，一旦抵達度冬地區，仍要和其他遷移者及當地留鳥競爭資源。無論怎麼看，遷移實在都是一種勞心費力且代價頗大的行為。然而，雁鴨們到底為了什麼，仍是不辭萬水千山、遠渡重洋，每年都來這麼一趟呢？儘管還未有定論，但科學家們仍做出了以下幾點推測。

1. 為了因應第四紀冰河期的入侵和退卻所造成的溫度升降，鳥類從而形成了遷移的習性。

2. 非繁殖季節食物資源短缺，覓食壓力促使鳥類向其他地方擴散，到了繁殖季節又折返，回到較少天敵的原來棲地，如此反覆終致形成遷移習性。

3. 大陸板塊自南向北漂移，許多隨著板塊運動而被帶到北方的鳥類，嘗試返回南方，如此經驗的累積，遂形成遷移的習性。

無論原因如何，北方的春夏季短，日照長，食物資源豐富，掠食者也較南方熱帶地區少，的確比較適合雁鴨科鳥類的繁殖方式。因為牠們通常直接將蛋產於地面巢中，早熟性的雛鴨破殼後便可自行覓食，由於日照長，覓食時間也可以較長，雛鴨長得也就愈快，所以整個北方溫帶地區，可說是一座巨大的雁鴨育嬰室，在這裡，雛鴨能夠快速長大，並趕在嚴冬來臨之前舉家南遷。

在整個亞洲大陸（包括沿太平洋地區），雁鴨的季節性遷移為南北方向，主要有兩個路徑，一為沿著太平洋邊緣南行的「東亞路徑」，是從西伯利亞、中國東北、韓國、日本、台灣，再到東南亞；另一條則是取道內陸的「中南亞路徑」，也就是由西伯利亞、經俄羅斯、中亞、中國，再到南亞的印度。這兩條遷移路徑實際上也並非涇渭分明、互不相干，而是時有重疊。在遷移過程中，有些雁鴨，特別是體能較差、缺乏經驗的亞成鳥，若受到氣候與自體狀況的影響，就可能會偏離原本的路徑，來到極少出現的地點，也就成了所謂的「迷鳥」，在台灣，目前有發現紀錄的雁鴨中，迷鳥就佔了一半以上。

雁鴨的飲食

雁鴨一生維持著越洋跨國的生命之旅，必須適應各種不同的地區環境。如何吃？吃什麼？這是獲取能量、維持生命最基本的行為，也就是覓食。環境食物量的多寡及多樣性，是影響雁鴨選擇食物的重要因素，不同種類的雁鴨所選擇的食物也不盡相同。多數成年雁鴨攝取的食物為雜食性，只有少部分是純植物性或純動物性，成長中的雛鴨則偏向選

雁鴨的食物

多數野生雁鴨以水生植物的根、莖、葉、種子等植物性食物為主，潛鴨類則多以動物性食物，例如魚、軟體動物、螃蟹、蝦為主食。不過食性的選擇有時候會受到環境的影響而改變，當食物資源匱乏時，雁鴨有可能也接受人類的農作物。

擇動物性食物，像是水生昆蟲、軟體動物或者甲殼類動物等等。

若以棲息環境來看，棲息於港口、海灣等海域環境的種類，多選擇以動物性食物為主；反之，棲息在沼澤、淡水湖泊等陸域環境者，則多攝取植物，包括植物的根、莖、芽、葉、種子、果實等。多數雁鴨在換羽期間，因為身體需要更多的蛋白質來生長羽毛，食物選擇會較偏向動物性的攝取。

天鵝及浮鴨類用嘴在水中濾食，通常撿食水面的食物，或是翹起屁股將頭伸進水中尋找食物，有時候也會上岸覓食；潛鴨類則主要將身體潛入水中，取食水生植物或追捕魚類。此外，一

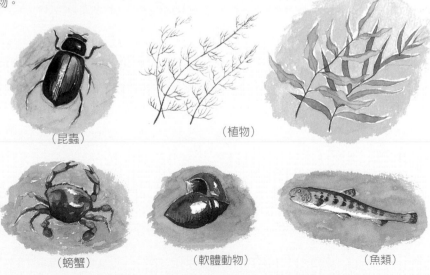

（昆蟲）　　　　　　　　（植物）

（螃蟹）　　　　（軟體動物）　　　　（魚類）

除了在水面攝食，綠頭鴨等浮鴨類有時將頭伸進水中，以屁股抬起之姿覓食。

鳳頭潛鴨等潛鴨類擅長游泳，通常會潛水覓食。

些大型的雁鴨如鴻雁、豆雁等，通常都在陸地上吃草。許多雁鴨食用大量的種子、穀物等難以消化的食物，因此，牠們同時也會攝取小石子，幫助磨碎食物以便消化。在美洲一些開放雁鴨狩獵的地區，鴨子們甚至會將鉛彈當作小石子吃進肚子裡，甚至也曾因此發生鉛中毒的案例。

一般而言，不同雁鴨也有各自偏好的覓食棲地。浮鴨類喜歡淺水的棲地型態，潛鴨類則偏好較深水域的環境；天鵝多數選擇在沼澤、淺湖或流速緩慢的河川覓食；以食草為主的雁，偏愛草地或沼澤草地；另外，也有一些主要棲息於鹹水河口或海岸邊覓食的海洋性雁鴨，例如花鳧、絨鴨類等。

度冬地區的覓食狀況，對雁鴨的繁殖生態扮演著極為關鍵的一環，因為度冬期間的休養生息，會影響雁鴨返回繁殖地後的生理狀況（Heitmeyer and Fredrickson. 1981），根據一項對綠頭鴨所做的研究（Krapu 1981），也證實了度冬地區的食物種類及數量，會影響繁殖所需的脂質儲存。

在白天，雁鴨往往成群閒散地漂浮在水面，或站在水岸休息，那是因為牠們夜晚也需要覓食，利用夜晚睡眠的時間並不多，所以白天大多需要養精蓄銳。雖然許多雁鴨確實是在夜晚進行覓食，不過，因環境不同及生理刺激，不同種類的雁鴨在夜間覓食的行為也都有差異。

由於夜晚被天敵掠食的壓力較

小，所以有些種類在特定時期會選擇夜間覓食（Paulus 1984、Jorde and Owen 1988）。在北半球，夜間覓食對於即將生產的雌鴨或蝕羽期間的雄鴨，是很重要的覓食策略。在南半球的度多地區，即將北返的雁鴨，有的必須利用夜間覓食，以快速累積能量，雖然在台灣宜蘭無尾港的觀察紀錄中，並無發現雁鴨夜間覓食的行為（周怡芳 2000），但從時有所聞的「雁鴨危害農作新聞」來判斷，在台灣度多的雁鴨，的確會利用夜晚進行覓食。

　　每年，雁鴨在秋高氣爽時節，陸續抵達台灣各處溼地準備度多，直到翌年約四月間北返。這段時間，棲息環境的遮蔽度、被干擾程度、食物豐富度等環境條件，都會影響雁鴨居留與否的因素。多數雁鴨均為機會主義者，常隨食物的可獲得性變換覓食棲地，每日的覓食時間也會隨北返的腳步靠近而逐漸增加，這都是為了全心儲備體力，等待風起，返回繁殖地。

在白天，雁鴨多在水邊休息或整理羽毛，真正的吃飯時間是在清晨、傍晚或晚間。

隆重誇張的婚禮

趕在繁殖季節來臨前，大部分的雁鴨就已在度冬地區，迫不及待地換好了炫麗的婚姻服裝，有時甚至還可以看見牠們誇張的求偶配對行為。對於提前在度冬地就展開求偶配對，一般被認為是有助於雁鴨返回繁殖地後，可以快速建立巢位，並開始下蛋，因為在溫帶地區，合適繁殖的季節往往非常短暫，提早求偶配對便能減少繁殖時間的投資；不過，也有研究顯示（Mckinney 1986），雁鴨提早於度冬地求偶和雌鴨數量的比例有關，並認為當雌鴨數量少於雄鴨時，雄鴨必須提早求偶以取得配對機會。

一般而言，大多數雁鴨都在水中完成求偶及交配。每一種雁鴨都有獨特的求偶行為，當然這也是可以避免種間雜交的一種機制。一些普遍可見的求偶行為，想必大家耳熟能詳，例如雌鴨在雄鴨之間邊點頭邊繞圓圈游泳，同時雄鴨也以伸長身體、曲頸、豎羽等行為來回應雌鴨，兩性進行了一段求偶儀式之後，若不再分開，就算配對成功。

在動物行為的研究中，「性擇」（sexual selection）向來是一門迷人的課題，目前對於性擇的結果及機制的探討，多是廣泛從動物交配的前、中、後行為中取得，其中所謂的「交配後展示行為」（postcopulatory displays），在鳥類世界裡有相當多的觀察紀錄，如雁

交配後的雄綠頭鴨側身向著雌鴨，嘴巴仍咬著雌鴨不放。

每種雁鴨都有獨特的求偶方式，圖中雄羅文鴨圍繞在一隻雌鴨旁邊，拉長身體且曲著頸，儘量展現雄鴨的美麗羽毛，以吸引雌鴨青睞。

鴨、鷺鷉、鵜鶘、松雞……等，而雁鴨更是被描述較多的一群。大部分的浮鴨類在一次成功的交配後，都會立即表現出獨特的展示行為，例如交配後開始洗澡、拍翅、理羽、鳴叫、雄鴨緊咬雌鴨、或是做出翅上喙下、頭部羽毛豎立、伸長身體、屁股下壓等獨特的姿勢，美國學者Johnson等人在2000年的研究結果中闡述，浮鴨類的交配後展示行為主要有以下功能。

1. 維繫配對關係，促進再次交配，安撫雌鴨並確保受精。

2. 個體識別，向其他雄鴨宣示「她」是我老婆，也向其他雌鴨發出「我」很強壯的訊息。

3. 標示交配成功，使其他雄鴨打消企圖交配的念頭。

然而，儘管如此，雁鴨間也時而會發生一些配偶之外的強迫性交配，這通常是較不具優勢的雄鴨（secondary male）才會採取的生殖策略（McKinney and Evarts 1997）。

此外，由於許多種類的雁鴨都有相似的遺傳基因，配偶關係每年更新一次，求愛行為也頗為類似，加上在度多區常和其他種類混群，因此，在野外，不同種雁鴨之間雜交的傾向，也就比其他鳥類要高，這現象也增加了分類上的困難。例如你可能偶然會發現一隻同時帶有綠頭鴨及尖尾鴨特徵，但卻叫不出名字的奇怪鴨子；看到這些雜交鴨，有些人甚至還會以為自己發現了一隻新的品種呢！

同時有鳳頭潛鴨和斑背潛鴨特徵的雜交鴨。

不同種的雁鴨在野外常有雜交的情況，這些雜交鴨很顯然地增加了辨識上的困難度。

同時有綠頭鴨和尖尾鴨特徵的雜交鴨。

雁鴨的托卵行為

在台灣，能夠完成整個繁殖過程的野生雁鴨並不多，除了鴛鴦及少數停留的花嘴鴨之外，多數雁鴨在此僅進行配對及交配的動作，待北返後，回到繁殖地才開始一連串的建立巢位、築巢、下蛋、孵育等繁殖行為。大部分行一夫一妻制的雁鴨，配偶關係僅維持到雌鴨下蛋之後便告結束，所有孵育工作皆由雌鴨負擔，而雄鴨便在此刻聚集成群躲起來換羽去了。天鵝及雁等大型雁鴨則是維持穩定的配偶關係，由夫妻共同負擔照顧子代的責任。

相較於其他鳥類，雁鴨對於巢位的選擇似乎不是那麼要求嚴格。牠們大多直接在地面上營巢，用簡單的草葉或枝條圍圈，加以踏實，再從身上拔下羽毛鋪襯內部，就可以是一個窩了。倒是少數樹棲型雁鴨如鴛鴦、木鴨，會以樹洞為巢，有時也接受人工巢箱。

在北美的木鴨族群中，當巢洞不夠使用時，或者下蛋期間巢位遭到掠食者的破壞，雌鴨會將自己的蛋產於其他雌鴨的巢內，也算是無適合巢位情形下的補償之

計（Leopold 1951）。

在自然情況中，除了自己的巢之外，偷偷將蛋產於其他雌鴨（種內或種間）巢中的托卵寄生行為，對雁鴨鳥類而言似乎非常普遍，如此的托卵行為，或許也構成了醜小鴨變天鵝之童話故事的靈感來源。例如美洲潛鴨（*Aythya americana*），便常托卵於帆背潛鴨、綠頭鴨、小水鴨及同種雌鴨巢中，加拿大學者Beauchamp（1997）估計，常見的雁鴨種類中，近60%有將自己的蛋產於其他雌鴨巢中的紀錄，此行為是否為了用來降低繁殖風險，目前尚無定論；而分布於南美洲的黑頭鴨（*Heteronetta atricapilla*）則是完全不築巢的，牠們主要將蛋產於秧雞（Rails & Coots）及粉嘴潛鴨（*Netta peposaca*）的巢中。另外如鷗（gulls）、朱鷺（ibises）甚至猛禽等鳥類，也都有被黑頭鴨托卵寄生的紀錄。

一般來說，多數托卵寄生的鳥類，雌鳥體型均較大於雄鳥，因為體型大的雌鳥就更有能力生產較多的蛋，黑頭鴨雖然也是如此（Johnsgard 1997），但仍未有人實際估計過牠在一個繁殖季裡可

以下幾顆蛋。

多數鳥類的雌鳥在孵蛋的時候，是利用腹部一帶沒有羽毛的皮膚（腹部的裸羽區，又稱孵卵斑）來保持蛋的溫度，然而雁鴨科鳥類並無孵卵斑，所以雌鴨會拔下自己胸腹部的部分羽毛墊在窩巢裡面，一切就緒便開始下蛋，通常在產下最後一顆蛋後，才開始孵蛋，因為這樣可以使巢內所有的蛋同時孵化。雛鴨全數孵化後，即隨著雌鴨離巢，順利的話，牠們會趕緊長大，當年就加入家族一年一度的季節大旅行。

雛鴨的「銘印」行為

「銘印」一詞，最早是由有現代動物行為學之父尊稱的康拉德‧勞倫茲（Konrad Lorenz, 1903～1989)所提出。勞倫茲出生於奧地利維也納，主攻醫學和生物，藉由對雁鴨的特殊喜愛及長期的觀察，他在雁鴨身上發現了許多特殊的行為模式，這些研究結果發表之後，引起了歐美動物行為學界的轟動，並於1973年獲得諾貝爾醫學獎，其中，雁鴨的銘印便是重要的觀察之一。銘印就是雛鴨在破殼後一至兩小時內，會將所看到、會移動或發聲的物體，視為雙親。

視覺以及聲音訊號對於剛剛破殼的雛鴨影響甚大，尤其是聲音。據說雛鴨在尚未破殼的時候，就已經可以藉由聲音和母鴨溝通。由於不同的雁鴨已經發展出獨特的發聲構造，使牠們可以發出極大而遠傳的聲音，而雌鴨和雛鴨之間，連續且尖細低微的維繫鳴聲（contact call），也可以增強雛鴨的銘印。當母鴨領著雛鴨一起覓食，仍然靠著維繫鳴聲而知道彼此就在附近，掠食者一旦靠近，母鴨會立即發出短而急促的聲音，通知雛鴨就地尋找掩護，躲避敵害。

雛鴨在破殼之前，可藉由聲音和雌鴨產生聯繫，破殼之後，對於初次見到會移動的東西，常視為母親，稱為「銘印」行為。

生活中的人雁關係

在所有鳥類中，雁鴨與人類的關係可說最為深遠，從對雁鴨身體的利用到做為心靈的寄託，宗教、藝術及科學研究上的探討，直至今日仍影響著各種人類文化。自古，東方文人雅士常將雁鴨擬人化，而投射出自身的想像，見了遨遊天際的「人」形雁陣，便感嘆「莫烹池上雁，雁行如弟兄」，因為只要雁群中有一隻被獵人打了下來，其中年長帶頭的，一定奮不顧身折返尋找失落的成員，這種兄弟有難，置個人死生於度外的義行，深深感動著人類，並以「雁序之情」來形容兄弟間應有的倫序。而莊子「齊物論」中，藉魚、雁和麋鹿三種動物「雖見美人，皆逃之」，說明世間無絕對的是非美醜，經後人變革而以「沉魚落雁」來形容貌美的女人。

在中國古典文學中，無論詩詞歌賦，描寫到雁鴨者，可說不勝枚舉。不過相對於較為情感抒發的象徵意義，有些關於雁鴨的俗諺，反而比較是來自對事物本身的觀察，就像以「七月半鴨仔」來形容中元節待宰前的鴨子，猶

雁鴨的說文解字

用以指示雁鴨鳥類的中國字不勝枚舉，例如雁、鴨、鵝、鵠、鳧、鶩（ㄨˋ）、鱂（ㄕ）、鴐鵝（ㄌㄨˊ）等。參考前人的描述，約略可以知道這些字分別代表哪些種類的雁鴨鳥類。

雁——除了雪雁為純白色，雁的體羽都為灰褐色或黑色，部分種類身體有明顯橫斑，例如灰雁、鴻雁、白額雁等。
鴨——體型比雁小很多，泛稱多數像鴨子的鳥類。
鵝——人為飼養的雁，也是一個泛稱。
鵠——又稱天鵝，除了澳洲的黑天鵝是唯一例外，天鵝體羽潔白，脖子很長。
鳧——指野生的鴨子。
鶩——人為飼養的鴨子。
鱂——指尖尾鴨。
鴐鵝——野生的鵝，又謂家鵝的原種，所以可能是指鴻雁。
秋沙——泛指鳥喙內有明顯鋸齒構造的潛鴨。

然不知大禍臨頭，仍嘎叫如常，比喻人的不知死活；「死鴨仔硬嘴皮」則形容堅持己見不願服輸的人；「去土丘（蘇州）賣鴨蛋」這句俚語可是台灣的土產，據說是台灣人在清明祭祖時由閩南語的諧音所發展出來的雙關語，意思是隱喻人之去世。至於歐美卡通中的「醜小鴨」、「唐老鴨」等，更是人人耳熟能詳的明星。古今中外，雁鴨早已融入人的生活領域。

數量龐大以及世界性廣泛分布，是雁鴨和人類有著不解之緣的主要原因。在世界各地，人類藉由馴養及品種培育，已獲得種種好處。如今，雁鴨甚至還同時扮演了標示自然環境健全與否的關鍵角色。

埃及鴨和番鴨是與人類最早產生親密接觸的雁鴨之一。

（埃及鴨）

（番鴨）

雁鴨的馴養與利用

雁鴨被人類馴養的歷史，也許可以回溯到農業逐漸取代狩獵生活型態的遠古時代，或許因為雛鴨的「銘印」行為，人類在偶然的機會下，撿取了一窩剛剛破殼的雛鴨，從此開啓了馴養雁鴨的歷史。

從埃及現存的壁畫上得知，約西元前2300年的古埃及時代，

分布於非洲的埃及鵝（*Alopochen aegyptiacus*）已經廣泛地被馴養了，有趣的是，現在當地卻只有野生族群，而已無馴養的狀況；歐洲人第一次踏上南美洲的時候，也發現當地原住民飼養著我

四種對人類經濟貢獻良多的育種雁鴨。土鵝來自鴻雁，歐洲鵝來自灰雁，北京鴨和菜鴨分別來自綠頭鴨和番鴨，在這些育種雁鴨身上，不難看出祖先的影子。

（土鵝）

（歐洲鵝）

（菜鴨）

（北京鴨）

們今日所熟知的番鴨或紅面番鴨（*Cairina moschata*）。雖然雁鴨被人類馴養的歷史已無可考，但據推測，第一種被普遍馴養的雁鴨可能是綠頭鴨，而被馴養的契機，大概

也是從剛破殼的雛鴨開始。

由綠頭鴨品種培育而來的各式鴨子，像白色鴨、棕色鴨等，均俗稱「菜鴨」。由雄番鴨與雌菜鴨雜交生下的後代，就是無繁殖能力的「土番鴨」。而目前多數可見的土鵝（也就是中國家鵝）、歐洲鵝等，祖先分別來自鴻雁及灰雁。在某些地方，也會大量飼養未經過培育的原種雁鴨，例如中國東北的五常市，就有灰雁飼養場。

人類對於不同種類的雁鴨，利用的方式也不相同，有的專門用來下蛋，有的用來配種。十七世紀初葉，由西班牙人帶來台灣的番鴨，也就是時下薑母鴨的主要材料。土番鴨由於發育快，足以快速供應市場需求，一般的烤鴨就是牠了。除肉品供應之外，歐洲、以色列、埃及等國，自古就用強迫餵食的方式，將鵝的肝臟撐大，以生產細緻可口的鵝肝醬。

鵝的利用自古也多，牠的飛羽可以製成鵝毛筆，絨羽可以充當寢具或羽毛衣的內襯等。西元前390年，由於一群鵝的示警鳴叫，使得古羅馬士兵得以擊退高盧人（Gauls）而保住了家園，自此以後，鵝成了羅馬人尊敬的

大型雁鴨有時候被飼養來除草、看門或驅蟲，由於有領域性，對於陌生人，常鵝聲大作且擺出威脅狀。

一種鳥類，甚至在古羅馬朱比特（Jupiter，希臘神話中的宙斯）神殿中，鵝也有了神聖的地位。更有趣的是，影響所及，現在仍有許多人養鵝來當守衛，因為鵝的警覺性高又有領域性，遇到陌生人出現，就一陣嘎叫，充當「看門鵝」的職責其實也不輸狗。

在夏威夷，因為外來種福壽螺肆虐農作，當地人便養番鴨來控制福壽螺的數量，除了對付福壽螺，番鴨也是常被用來控制有害昆蟲的利器，而雌番鴨由於母性強，有時也被人利用，作為其他鴨種的代理「孵」母。

人鴨衝突

人類飼養雁鴨的方式，並非都是將其馴化，有時甚至仍維持著牠們的野性，幾世紀以來，歐洲部分地方以農場經營的方式，圈養著半野生的瘤鵠，僅只餵食而不限制其去留，專供人們觀賞；在日本上野公園有個著名的不忍池，池裡各式雁鴨任人餵養無懼人類，顯示雁鴨是可以如此與人親近。相較於都市其他的野生鳥類，雁鴨由於體型大、羽翼美麗、行為討喜，在自然狀況下與

其接觸，必然就是一種難以言喻的奇妙經驗。

不過，人與野生動物太過親近，有時也不見得都是好事，北美洲就曾發生野生雁鴨太過依賴人類的餵食，而人類提供的食物營養成分，總是不若天然食物來得均衡，營養含量也比較少，以致造成營養失調的案例（Quinlan and Baldassarre 1984）。

接受人類餵養後，有的雁鴨「忘了」遷移的本性，甚至有部分還「滲透」到集約管理的養鴨場，將身上可能帶有的病毒，傳染給毫無抵抗力的家鴨，而導致「鴨瘟」疫情暴發，這種到處流竄的病毒，也有可能再回頭侵害野生雁鴨族群，例如1967年開始，在美國紐約州長島肆虐各個養鴨場的鴨瘟病毒（鴨腸桿菌病毒），到了1973年已經傳染到了南達科塔州的野生動物保護區，最後造成四萬多隻野生雁鴨的死亡。故事至此尚未完結，至今，這種病毒仍在擴散。

鳥類本身原就攜帶有病毒和寄生蟲，有些可藉由家禽、家畜及人類之間傳佈，有的在宿主內產生變異而不易察覺。2004年初，

禽流感疫情在東南亞地區爆發，一般認為導致禽流感病毒大面積感染的禍首，很可能就是遷徙中的候鳥，尤其是雁鴨鳥類。自然界裡，原本存在著一種穩定而持續的調節機制，病毒只是控制族群消長的手段之一，當調節機制失衡了，病毒便有機會趁著失衡空隙侵入其他族群，其中當然也包括了人類。養鴨場（鴨寮）廣泛設置、農地擴張、

獵鴨

六〇年代之前，物種保育意識在台灣尚未啟蒙，人們對於鳥類，多專注於牠所帶來的經濟層面，例如捕獲八色鶇、灰面鵟做成標本外銷，以鳥仔踏捕獲的伯勞鳥，也成為了屏東楓港的標籤等。至於雁鴨，早期有兩個主要的獵場，分別是蘭陽溪和大肚溪，在當時，獵鴨活動除了為當地農民或獵人帶來少許的收入以外，本身更是一種具有運動、身分彰顯等多重象徵意義的休閒。六〇年代之後，各地賞鳥學會陸續出現，由民間主導的保育觀念逐漸發酵，賞鴨取代了獵鴨，變成人人可以參與的活動。在歐美地區，野生動物的保育及經營管理行之甚早，相關管理機構或法規比較健全，納入了棲地管理和永續經營的獵鴨活動已經成為一種文化，以美國為例，為了獵鴨，必須具有符合規定的資格及遵守相關狩獵限制、購買鴨票，才能有獵鴨行為，鴨票收入則回饋應用在相關的棲地經營及保育研究上面。

在歐美，早期獵人為了吸引雁鴨，將木頭雕刻成和真實鴨子一般大小的形狀，稱為「誘鴨」。遷移季節時，將誘鴨放進水中，漂浮在水面上，待天上飛的鴨子看見了，以為溼地裡是真的鴨子，就會失去戒心紛紛降落停棲，這時候藏匿在附近的獵人早已虎視眈眈，鴨子就很容易遭受射殺。除了雁鴨形狀的誘鴨，後來也發展了各種水鳥或其他鳥類的雕刻品，有的雕工精緻宛如藝術品，而成為家中的擺飾。

溼地面積的減少，都可能帶來野生雁鴨與人類近距離接觸的機會及衝突，此時，禽流感便有機可趁了。台灣位處東亞鳥類遷移路徑，因此也有禽流感的威脅，但只要不捕捉雁鴨，不接觸雁鴨的排遺，站在遠處靜靜觀賞，仍是非常安全。

隨著人類不斷地開發環境，適合野生動物生長的棲地也愈來愈少，早期的溼地，被認為是沒有利用價值的土地，因此很多溼地被大量開墾轉作其他用途，也影響了許多野生動物的命運。然而，多數雁鴨主要以溼地為棲息環境，尤其是度冬區的溼地，對雁鴨而言，不只是休息避難之處，更是獲取食物的重要場所。台灣花東地區的人鴨衝突，最主要原因就是因為雁鴨的覓食棲地日益減少所致，雖然近年來政府相關單位有了因應措施，如使用彩帶驅鳥法、音爆驅鳥法、閃光驅鳥法、誘食法等舉動，這種站在人類觀點的私利做法，也僅能治標而無法治本。如此年復一年的人鴨大戰，結果常常是造成這群「國際鳥」客死異鄉，對於糟蹋農作的鳥類，人們只願從人類的角度來處理事件表象，往往忽視了不斷擴張的開墾（農地、漁塭、重大工程開發案），已經使得溼地與溼地生態不斷地減少。

雁鴨保育

自從人類文明快速地在地球擴張以來，至少已經有6種雁鴨滅絕了。根據世界自然保育聯盟（IUCN, The International Union for Conservation of Nature and Natural Resources）2004年紅皮書所列，全世界有15種急需保育的瀕危雁鴨（保育等級為瀕臨滅絕及嚴重瀕臨滅絕，請見附錄4），約佔所有雁鴨種數的9%，其中唐秋沙及鴻雁為台灣稀有的迷鳥。粉頭鴨（*Rhodonessa caryophyllacea*）及鳳頭麻鴨（*Tadorna cristata*）則是分布於亞洲，屬於嚴重瀕臨滅絕的種類；尤其是粉頭鴨，自1935年最後一次被野外觀察之後，就無任何目擊紀錄，雖然目前可能仍有極為少數的個體存活於緬甸、西藏或印度的偏遠山區，幾乎也已形同滅絕了；鳳頭麻鴨分別在1964及1971年於俄羅斯和北韓有確定的觀察紀錄，1990年在中國雲南，據說也發現了20隻，推測

野外族群可能少於50對（Collar、Crosby and Stattersfield 1994），若以物種族群最小存活數量來評估，未來命運幾乎和粉頭鴨一樣無望。

相對於其他鳥類，雁鴨的瀕危程度似乎還算小，尤其牠們總是整群聚集、數以萬計地出現，很難讓人產生瀕危的聯想。但由曾經大量生活在北美的旅鴿（*Ectopistes migratorius*）的故事來看，曾經廣泛分布於北美的旅鴿，在絕種前的20年，數量同樣以萬計，當時根本沒有人預料得到，這種齊飛時足以遮天蔽日的鳥，因爲過度獵捕竟如此快速地

（粉頭鴨）

（鳳頭麻鴨）

鳳頭麻鴨和粉頭鴨是目前亞洲兩種久未被觀察記錄到的雁鴨，有可能已經絕種。

走進了歷史！

鳥類所面臨的威脅大多來自於人類的直接影響，例如污染、棲地破壞、獵捕、外來種引介……等等，其中前三項，對於季節性遷移的雁鴨影響較大，保育層面所涉及的問題也較為複雜；外來種引介則困擾著棲息於島嶼或侷限分佈的雁鴨種類，例如棲息在紐西蘭附近島嶼的坎貝爾島棕鴨（*Anas nesiotis*），在八〇年代時，幾乎被漁民引入的棕鼠（*Rattus norvegicus*）所消滅，所幸及時展開的復育計畫，才挽救了牠們滅絕的命運。

如同其他水鳥，雁鴨與溼地的保育息息相關。歐洲、北美及亞洲的日本大部分地區，已經有了良善的溼地保育系統，包括溼地多樣性的研究調查、周邊環境規劃、經營管理等等。但對這群跨國遷移的地球村居民而言，需要的卻是全球性的保育系統，因為在甲地被保護所增加的族群量，可能在遷徙到乙地後，遭到獵捕或者其他原因而被

鴨票

所謂的鴨票，並不是可以拿來貼在信封的郵票，鴨票的設計始於1934年，美國人民有感於水鳥族群，因為環境因素或人為狩獵影響而每下愈況，因此整合了環境保護主義者、藝術家、獵人和美國聯邦政府，設計了一套強制保護自然資源的體系，這就是鴨票設計的目的。鴨票除了是狩獵憑證之外，同時它也是設計精美的藝術品，現在許多國家都有發行鴨票，也吸引了許多人收藏一系列的鴨票做為欣賞。圖為2004～2005年美國聯邦鴨票。

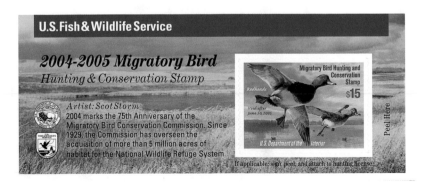

抵銷；所以目前有許多跨國性的國際組織，像國際鳥盟（BirdLife International）、國際溼地聯盟（Wetlands International）、自然保育聯盟等團體，都持續不斷地推動執行全球保育計畫，在數個國家（或地區）相關的候鳥遷移路徑，建立了監測網路。台灣近幾年也以中華鳥會名義，積極參與國際鳥盟策劃的保育合作，並建議全台設53處重要野鳥棲地（IBAs），其中27處與溼地鳥類相關，期許國人了解並關心這些重要的鳥類棲地；此外，也配合國際溼地聯盟亞太總部主辦的，每年一次亞洲濕地水鳥普查（AWC），除了與其他國家或地區，整合大規模的鳥類資訊外，更能提醒國人對於水鳥以及溼地的保育重視。

保護區的經營管理

　　打開世界的窗戶之後，還是得回頭自我檢視，關於台灣溼地環境的保育，民間保育團體的實務工作貢獻良大。歷經十幾年的努力，2001

當春天來臨，雁鴨北返之後，溼地裡也還有許多鳥類存在。一處生意盎然的溼地，不僅僅能提供給留鳥棲息，也能夠為年復一年的候鳥訪客提供安全的場所。

年交由台北市野鳥學會管理的關渡自然公園正式營運，開啓台灣第一個專業經營管理沼澤溼地的模範；反觀1996年成立的華江雁鴨自然公園，卻仍處於巡邏、鋤草、解說牌維護、辦理雁鴨季等教育宣導活動，由台北市政府建設局管轄，尚未成立專責的管理委員會。如同華江雁鴨自然公園一樣，台灣大部分的野生動物保護區，目前僅止於立法公告而無實際的經營管理。

「生物多樣性」的觀念，對於野生動物棲地的經營管理非常重要，想要了解一地區的生物多樣性，需要投注大量的人力及經費，而且得經年累月持續運作，因爲一個地區的生物多樣性，是一個會隨著時空轉換而變化的「生命體」，對於此一議題的研究，如同對人體千百年來的探討一樣，沒有終點。

近代如脫韁野馬的人口成長、環境污染、地球物候變遷及物種滅絕速率的急遽飆高等因素，已經造成這個「生命體」破洞百出，再也無法寬容我們慢慢地去探究了解。所以我們需要找出一種立即的指標，用以監測環境變化的方法。由於鳥類的現有研究資料較多，對於環境變化的機動性和反應也比較大，所

以剛好是一種良好的指標物種，但如何選出可以代表特定地區的指標鳥類，端看我們想了解環境變化的目的爲何。

台灣位處東亞候鳥遷移路徑上的重要據點，每年蒞臨造訪的冬候鳥，約佔了台灣所有紀錄鳥種數的23％，除了雁鴨之外，鷸鴴科等鳥類同樣是以各類溼地爲主要的棲息場所。就溼地而言，相對於其他需要特殊棲息環境的鳥類（例如水雉之於菱角田），雁鴨對環境的容忍度比較寬廣，適應的棲地包含灌叢、水澤、湖泊、泥灘、沙洲、海口，甚至高山溪流等，通常包含了多數其他溼地鳥類的棲息環境，因此雁鴨確實可做爲良好的溼地多樣性指標物種之一。

第二章　台灣雁鴨圖鑑

賞鴨行前說明

如果你是賞鳥新手，那麼選擇雁鴨鳥類是一個很好的開始，因為雁鴨的體型大，容易觀察，一般時候，鴨子們大多在休息，如果隱藏得好，很容易就能接近牠們。不同種類的雄鴨，各有明顯的辨識特徵，只要比對圖鑑，很容易就能分辨；然而，多數種類的雌鴨，外型毛色較樸實而缺乏特色，看起來長得都差不多，分辨上相對地也就困難得多。不過，辨認雌鴨也有個簡便的竅訣，就是先從雄鴨著手，只要找到雄鴨，伴隨在牠身邊一起游泳、洗澡、嬉戲或者覓食的，就是同種類的雌鴨。不過，有一點必須注意，每年十月，剛蒞臨台灣的雁鴨可能外型看起來都還像雌鴨，那是因為許多雄鴨還沒有換上繁殖羽毛，只要等到十一或十二月後，就比較容易分辨雌雄了。

除了羽毛顏色外，另一項辨識重點就是看體型大小，野外賞鴨有時因天候關係，例如陽光太強或者背光，無法看清羽色，這時候就可以體型姿態及大小判斷，在一群同種類的鴨子中，如果發現其中有一隻體型比較大或比較小，或者游水姿態不一樣，那麼這隻特別一點的鴨子，就有可能是其他種類了。甚至，經由這種方式的搜尋，還特別可能發現一些珍稀的迷鳥。

賞鴨可以是一項輕鬆的休閒活動。除非你是為了追尋某些特定種類，而且也已知道牠一定會在哪裡出現，否則，先別預期可以看見什麼種類，懷抱快樂的心情，積極做準備，就能發現雁鴨鳥類可愛又美麗的一面。出門前，提醒你下列需要帶的物品，以及留意事項。

1. **望遠鏡**：如果不是參加由賞鳥團體所辦的活動，那麼每個人至少要有一副8至10倍的雙眼望遠鏡，雖然一分錢一分貨，但一開始也未必要買很貴的品牌，不過使用前最好熟練望遠鏡的操作。雖然用20至40倍的單筒望遠鏡賞鴨是最好的享受，可以將遠處一派悠閒的群鴨，輕鬆

地拉至眼前看得一清二楚，但因為單筒望遠鏡比較貴，並非人人可以負擔，就把它當作進階的享受吧！不過，最起碼還是先要有一副雙眼望遠鏡，賞山鳥也可以用，機動性較高。若到關渡自然公園或龍鑾潭賞鳥中心等地，別忘了一定要去體驗一下現場提供的單筒望遠鏡。

2. **鳥類圖鑑**：野外賞鴨最好能有一本可以立即對照的圖鑑。帶到野外的鳥類圖鑑，最好以可以放在背包或口袋的大小為宜，此外，圖鑑內對每一種鳥類的文字描述、插圖（照片）、分布地圖，最好精準無誤。插圖式圖鑑的優點是，可以將鳥類的特徵清楚地表現；照片式圖鑑通常礙於拍照環境的因素以及角度，不容易清楚顯示特徵，不過，選擇上仍隨個人的喜好而定。

3. **穿著愈樸素愈好**：衣著能夠和週遭環境的色調一致是聰明的選擇，例如棉質吸汗的草綠色衣服，最好再戴個能遮風蔽日的帽子。台灣的賞鴨季節通常氣溫都不高，冬日又濕又冷，鴨子雖不會在意，但你卻可能必須跟著牠在同一個地點持續好幾個小時，若不幸又逢飄雨，原先的興致可能就要大打折扣了。

所以，行前準備保暖且透氣的衣服（避免厚重），是賞鴨的最佳服裝。另外再準備一件與大地同色系的雨衣（暗色調如草綠、灰綠），記得，避免打傘，以免嚇走鴨群。

4. **利用車子掩護**：在不致干擾雁鴨的情況下，若有可能，車內賞鴨也是一種選擇，尤其在宜蘭等天空遼闊的地方，雁鴨比較容易察覺有人。沒錯，鳥比較怕人而不怕車子，人躲在車內較有近距離欣賞鴨子的機會。如果嫌車身狹窄，身體蜷曲得累了，想到車外賞鴨，也可藉車子為掩護，讓車子擋在人鴨之間，這樣鴨子才不會飛走。

5. **遠觀而不褻玩**：記得不要靠近雁鴨休息的地方，遠離核心區，如果鴨子被你嚇跑了，那代表你和鴨子靠得太近，必須往回走，走到原先發現鴨子的地點，然後靜靜地等，有的鴨子只是發現有異狀而起飛，牠們通常會在天空盤旋一下子又會折返，只要安靜地耐心等待，或許還會有另一群鴨子飛來。除此，請勿將貓、狗等寵物帶到野外賞鴨，牠們會分散了你對鴨子的觀察，吠叫聲也有可能嚇走鴨子。

樹鴨 學名：*Dendrocygna javanica*

別稱：栗樹鴨

英名：Indian Whistling Duck, Lesser Tree Duck, Javan Whistling Duck

樹鴨的外型介於雁和一般鴨子之間，頸和跗蹠相對較長，飛行時頸向前直伸，振翅快速，停棲時身體呈直立狀。個性機警，若發覺異狀，大群一齊起飛，甚為壯觀，在野外並不容易靠近觀察，常邊飛邊發出輕而尖的嘯聲，牠的英文名稱便是由此而來。

白天隱匿在池塘或湖沼的荷葉下、紅樹林沼澤或草叢中，有時成群停歇在開闊的水面上；黃昏後，飛到附近的稻田中覓食，善於潛水，能在水下取食，食物以草類、種子、稻米或水草等植物性為主，偶爾捕捉蝸牛等軟體動物為食，有夜間覓食的習性。樹鴨和天鵝、雁及部分麻鴨（瀆鳧、翹鼻麻鴨）是

形態特徵

全長38～40公分，體重450～600公克。雄雌外型相似，全身體羽棕褐色，喙和足黑色，頰至頸部為淡赭色，背部及翅膀暗灰褐色，羽緣淡褐色，尾下覆羽白色。

分布

亞洲熱帶地區，自印度、巴基斯坦、中國大陸至婆羅洲、蘇門答臘、爪哇、印度洋Andaman、Nicobar

東亞分布圖

■生殖區　□留鳥棲息地

島嶼。少部分族群在夏季往北遷徙至海南島、台灣等地，在台灣被歸為迷鳥。

一夫一妻制的終身配對關係，雌雄均參與幼雛的孵育工作。巢築於地上、樹上或樹洞中，有時利用猛禽或鷺鷥的舊巢，一窩產7至12顆蛋，約26至30天孵化。

瘤鵠　學名：*Cygnus olor*

別稱：疣鼻天鵝、啞天鵝、丹鵠、赤嘴天鵝

英名：Mute Swan

一般人對於天鵝的印象主要來自於瘤鵠，因為牠們在游水時速度緩慢，兩翼高拱，頸部呈S形，行為姿態極為優雅。在幾世紀前的英國，瘤鵠被飼養為食用鵝，飼養者在瘤鵠的喙、頸子或蹼上做記號，而英國王室專門飼養瘤鵠的人，就以皇冠記號做標記，所以瘤鵠也被視為王室鳥類（Royal Bird）。瘤鵠是現今所有天鵝種類（全世界有七種）當中最安靜的一種，曾有此一說，瘤鵠一生都是啞巴，只有在死前一刻才會發出一聲鳴叫，這也是牠英文名稱的由來，但實際情形則非如此淒美，生殖季節中的瘤鵠，在受到威脅或是為了保護領域時，仍會發出聲音，飛行時也會發出維繫同伴的叫聲。

野生的瘤鵠主要棲息於湖泊、沼澤、河流或海岸，以穀粒、水草、兩棲類或水生無脊椎動物為食。覓食時，頭、頸伸入水中，有時全身呈倒立狀，甚少潛水覓食。游水時頸部彎曲，喙朝下，翅膀成弧形突出背部。飛行前需先經過一段助跑後，才能順利起飛。

形態特徵

全長125～160公分，體重6600～15000公克，雌鳥體型略小於雄鳥。頸長，全身體羽白色，上喙橙紅色，基部有黑色瘤狀物突起，下喙黑色，腳黑色。幼鳥灰褐色，喙灰色，基部黑色，無瘤狀物突起。

分布

主要分布於溫帶的歐亞大陸，部分被引進到北美洲東部、非洲南部、澳洲、紐西蘭等地，在台灣被歸為迷鳥。

東亞分布圖

■生殖區 ■度冬區

瘤鵠的生殖季在春天，巢多築於空地或蘆葦叢內，配對時，雌雄對於巢位的防禦性極強。通常一窩產下5至7顆蛋，每隔兩天產下一顆，等到下完最後一顆才進行孵蛋，需經過約35至36天的孵化期。雛鳥孵化後全身披覆灰色絨毛，不久絨毛將漸漸被棕色羽毛替換，一年後則換上白色羽毛。在最初的幾個月，瘤鵠雙親會為小天鵝提供最嚴密的保護，直至下個生殖季來臨，小天鵝才能脫離雙親的照顧，這些還沒有生殖能力的小天鵝（亞成鳥），則聚集在一起生活。一般而言，瘤鵠至少要到三歲，才會有生殖能力。

黃嘴天鵝

學名：*Cygnus Cygnus*

別稱：大天鵝、大鵠、咳聲天鵝、天鵝

英名：Whooper Swan

黃嘴天鵝游水時頸部相對較直，體型是所有天鵝裡面最大的，同時聲音也最吵雜，但飛行時則比較安靜。顧名思義，黃嘴天鵝喙部的黃斑是明顯的辨識特徵，每一個體的黃斑，大小及形狀都不相同，就像人類的指紋，可以作為野外研究時的個體標示。由於羽毛潔白、姿態優雅，配對之後的雌雄鳥仍相隨相伴，比翼雙飛，人們將牠視為愛情的極至代表，在中國青海的裕固族人，流傳著一個「天鵝與天鵝弦」的愛情故事，敘述一位很會唱歌的年輕人，與化身為仙女的天鵝之戀愛故事，因此，黃嘴天鵝有了「鳥中仙女」的稱號。黃嘴天鵝同時是芬蘭的國鳥。

黃嘴天鵝棲息於湖泊、沼澤、河口或海岸環境，食物以水草等植物性為主，也能在淺水灘啄食軟體動物、昆蟲、蚯蚓、小魚等，冬天偶爾撿食玉米粒、穀粒或馬鈴薯。在繁殖季節，配對雌雄變得十分機

形態特徵

全長140～165公分，體重7500～12700公克，雄雌外型相似，雌鳥體型略小於雄鳥。頸長，全身體羽白色，喙前端黑色，上喙基部黃色延伸至眼先，腳黑色。幼鳥灰褐色，喙灰色，喙基部淡粉紅色。

分布

歐亞大陸，冬季自冰島、西伯利亞東北部、歐洲瑞典、波蘭南方、亞洲蒙古等地，遷徙至歐洲沿海低地及亞洲東岸，如日本、朝鮮半島南部、中國大陸黃河至長江流域度冬。台灣有零星幾筆的發現紀錄，在台灣被歸為迷鳥。

東亞分布圖

■生殖區 ■度冬區

警，從空中降落時，先要盤旋查看後，才小心翼翼地落地，對於巢位的防禦性極強，巢多築於空地或蘆葦叢內，形如碗狀，內部墊以乾草苔蘚及自身腹部的絨毛。一窩平均產4至5顆蛋，雌鳥獨立進行孵蛋工作，雄鳥負責警戒，約35天孵化，幼鳥孵化後87天脫離雙親的照顧，需長至四歲才有生殖能力。

鵠

學名：*Cygnus columbianus*

別稱：小天鵝、短嘴天鵝、嘯聲天鵝

英名：Whistling Swan, Tundra Swan

鵠的喙黑色，基部黃色區域較黃嘴天鵝小很多，體型也比黃嘴天鵝小，但還是容易混淆。鵠的鳴叫聲輕柔而悠遠，群起而飛時，因為翅膀與空氣摩擦而發出如嘯聲音。遷移中的鵠，常排成人字形雁陣飛翔，由身體強壯的雄鳥帶領，隊伍中間是棕色體羽的亞成鳥，成年雌鳥則殿後壓軍，一面飛行一面發出規律的鳴叫聲。

鵠主要棲息於湖泊、沼澤、河流或海岸，以水中植物和種子為食，食性大抵與瘤鵠、黃嘴天鵝差不多，覓食時頭、頸伸入水中撿拾食物，主要在白天覓食。春天生殖，巢築於空地或蘆葦叢內，通常一窩產3至5顆蛋，雌鳥獨立進行孵蛋工作，約29至30天孵化，幼鳥孵化後60至75天脫離雙親的照顧，三至四年達性成熟。

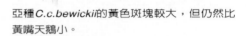

C.c.bewickii　　　黃嘴天鵝

亞種*C.c.bewicki*的黃色斑塊較大，但仍然比黃嘴天鵝小。

形態特徵

全長120～150公分，體重4300～9600公克，雌雄外型相似，雌鳥體型略小於雄鳥。頸長，全身體羽白色，喙黑色，基部至眼先有黃色斑塊，腳黑色。幼鳥體羽灰褐色，喙灰色，喙基部淡粉紅色。鵠有兩個亞種，其中有一亞種——*C.c.bewickii*，喙基部至眼先黃色斑塊較大，外型容易與黃嘴天鵝混淆。

分布

主要分布於北極凍原、北美洲，自阿拉斯加沿岸向東包括整個加拿大北方、巴芬島；冬季則往南遷徙。台灣有零星幾筆的發現紀錄，被歸為迷鳥。

東亞分布圖

■生殖區　■度冬區

鴻雁　學名：*Anser cygnoides*

別稱：大雁、原鵝、黑嘴雁、沙雁、酒面雁
英名：Swan Goose, Chinese Goose

繁殖於西伯利亞的雁鴨種類中，鴻雁是極少被探究的種類之一，雖然牠可能是中國鵝的老祖宗，但我們對其族群狀況以及生態習性，能掌握的資訊有限。鴻雁遷移時常排成「一」或「人」字形，遷移時令相當準確，因此中國有句俗語「八月初一雁門開（農曆），鴻雁南飛帶霜來」，指的就是鴻雁南遷之時；而北返之時「大雁不過三月三」，因此，看見鴻雁，就知道了季節的更遞。在中國古詩文中，鴻雁也是最常被提及的一種雁鴨，時至今日，也許是太習以為常了，人們反而忽視了對牠的深入了解。鴻雁在台灣屬於迷鳥，曾於宜蘭、台中或龍鑾潭有幾次的出現紀錄。

鴻雁棲息於大草原、草澤、湖泊、河口、低地沼澤或耕地，食物以植物性為主，多在陸地上覓食。牠們甚少游泳，即使是在換羽期間，除非受到入侵者干擾，否則不

形態特徵

全長81～94公分，體重2850～3500公克。雌雄外型相似，雌鳥的喙及頸部略短於雄鳥。全身體羽棕褐色，喙黑色，基部有白色環斑，頭至頸背深褐色，頰至頸內側為白色，腹部有暗黑色橫斑，下腹至尾下覆羽白色，腳橙色。幼鳥喙基部無白色環斑。

分布

主要分布於亞洲東部，由於棲地片段化現象嚴重，族群有變少的趨勢，如今只零星散布於中國大陸東岸，冬季有的遷徙至日本、朝鮮半島南部、中國大陸黃河至長江流域度冬。台灣有零星幾筆的發現紀錄，在台灣被歸為迷鳥。

東亞分布圖

■生殖區 ■度冬區

輕易下水。五月開始生殖，巢築於乾燥的地面，上面覆有濃密的植被，離水邊不會太遠，一窩平均產5至6顆蛋，約28天孵化，幼鳥二至三年達性成熟。

灰雁

科名：雁鴨科　　學名： *Anser anser*

英名： Greylag Goose, Grey Goose

灰雁很早就和人類有了相當密切的接觸，而且牠還是歐洲鵝的祖先，相較於鴻雁，我們對灰雁的了解比較翔實，無論生態習性、行為等，動物行為學者勞倫茲（Konrad Lorenz）在其著作「The Year of the Greylag Goose」裡，對灰雁都有很生動的描寫。鳥類世界中，曾被觀察到有少數的同性戀現象，雄灰雁間的同性戀關係，即為有名的例子，而且此關係可維繫達十五年之久，幾乎相當於牠的壽命了。

野生灰雁棲息在湖泊、沼澤、河流、草澤或耕地，主要在陸地上覓食，食物以植物性為主，冬天食物短缺時，也會撿拾農作為食。每年三至四月開始繁殖，巢築於地面

形態特徵

全長76～89公分，體重2500～4100公克。雌雄外型相似，全身體羽灰褐色，喙橙紅色，腳黃色，頸內側至腹部有白色細橫斑，翅膀羽緣及尾下覆羽白色。幼鳥身體橫紋較不明顯，體羽色偏淡。有兩個亞種，其中分布於土耳其、俄羅斯及中國東北的亞種——*A.a.rubrirostris*，喙部偏粉紅色。

分布

主要分布冰島、歐洲中部、中亞、俄羅斯及中國，冬季往南遷徙至歐洲南部、印度到中國南部。台灣少有發現紀錄，被歸為迷鳥。

東亞分布圖

■生殖區 ■度冬區

上，通常一窩產4至5顆蛋，約25天孵化，幼鳥孵化後40至50天，即脫離雙親的照顧，兩年達性成熟，然而通常要三至四年始有生殖行為。

豆雁

學名：*Anser fabalis*

別稱：大雁

英名：Bean Goose

俗稱大雁，這俗稱容易和鴻雁混淆而被視為同種，其實豆雁在黑色喙端有一個明顯亮眼的小斑點，宛如啣著一粒豆子，這是豆雁的辨識特徵，也是牠的名稱由來。豆雁在中國主要為冬候鳥，族群數量是所有雁類中的大宗，在越冬或遷徙過程中，往往成百上千聚集活動，停棲農地時，常掘食各種農作物，是農民頗為頭痛的鳥類之一。由於體型大，分布廣，數量多，在中國自古以來就是冬季主要狩獵雁鴨之一。在台灣為迷鳥，曾出現於關渡、宜蘭、龍鑾潭和嘉義鰲鼓等地。

豆雁棲息於河流、湖泊、森林和寒帶草原；冬季棲息於河口、沼澤、草生地，食物以植物性為主，多在陸地上覓食。五至六月開始繁殖，巢築於地面，一窩平均產4至6顆蛋，約27至29天孵化，孵化後約40天，即脫離雙親的照顧，幼鳥二至三年達性成熟。

形態特徵

全長66～89公分，體重3171～3948公克。雌雄外型相似，全身體羽灰褐色，喙黃色，喙尖端及基部黑色，頭褐色，頸背有白色縱紋，頸內側至腹部有白色細橫斑，翅膀羽緣及尾下覆羽白色，腳橙色。幼鳥體羽色偏淡。共有四個亞種。

分布

主要分布於北歐及西伯利亞，冬季則有兩個主要的度冬區：一為歐洲的溫帶地區，一為亞洲東部的溫帶地區至東南部沿海等地。台灣有零星幾筆的發現紀錄，屬於過境稀有鳥。

東亞分布圖

■生殖區 ■度冬區

白額雁

學名：*Anser albifrons*

別稱：花斑、明斑

英名：White-front Goose, Greater White-fronted Goose

雁類中唯有白額雁和小白額雁的腹部有不規則黑斑紋（亞成鳥則無），兩者外型相似，只是白額雁體型稍大，喙較長，體羽較淡。白額雁大多數時間都是在陸地上活動，善於在地面上行走和奔跑，而且奔跑的速度非常快，在陸地的時間通常較在水中的時間長，不過，遇到緊急狀況，還是能潛水。遷移時多呈「一」或「人」字形，在過去，白額雁也是主要的狩獵雁鴨之一，近年由於獵捕壓力過大、環境惡化等因素，族群有下降趨勢。

白額雁夏天棲息在北極寒帶草原，冬天則棲息於河口、沼澤和稻田。主要以草本植物為食，且在陸地上覓食。每年六月開始繁殖，群聚築巢，巢築於地面上，通常一窩產5至6顆蛋，約22至28天孵化，幼鳥孵化後40至43天，即脫離雙親的照顧，三年達性成熟，但可能在第二年冬天即配對。

形態特徵

　　全長65～86公分，體重1700～3000公克。雌雄外型相似，全身體羽灰褐色，喙黃色，喙基部至前額白色，頭褐色，頸背有白色縱紋，頸內側至腹部有白色細橫斑，翅膀羽緣及尾下覆羽白色，腳橙黃色。亞成鳥大致與成鳥相似，但喙基部和前額無白色，腹部也無橫紋。地理區隔產生了不同的亞種，共有五個亞種，差異在於體型大小及斑紋羽色的變化。

分布

廣泛分布於北半球，冬季往南遷徙至北美東部、歐洲南部及中國大陸東南度冬。台灣少有發現紀錄，被歸為迷鳥。

東亞分布圖

■生殖區 ■度冬區

小白額雁

學名：*Anser erythropus*

英名：Lesser White-fronted Goose

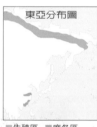

除了體型比白額雁略小、體羽較暗之外，橙黃色的眼周是小白額雁獨有的特徵，在野外可以辨識。小白額雁夏天棲息於北極寒帶草原，冬季棲息於河口、沼澤、草生地，以植物性食物為主，多在陸地上覓食。五至六月開始生殖，巢築於地面，一窩平均產4至6顆蛋，約28天孵化，孵化後約35至40天脫離雙親的照顧，幼鳥二至三年達性成熟。

在近幾年的研究調查中，都顯示出小白額雁的野外族群有下降的趨勢，野生族群量只有約兩萬隻，導致族群下降的主因仍然是過度獵捕。蘇聯政體解散之後，雖然許多國家相繼立法禁止在春天狩獵，但是非法盜獵的情況卻難以遏止，何況即使合法領有執照的獵人，有時候也沒有能力辨識小白額雁和其他開放狩獵的雁鴨種類，致使小白額雁枉死居多。在中國也有相似的情形，非法盜獵行為在小白額雁的主要度冬地區非常猖獗，更糟的是，盜獵者甚至以毒藥來進行捕捉，就在2000年十月，洞庭湖便發生了一起數千隻小白額雁被毒殺的案例。

形態特徵

全長53～66公分，體重1300～2300公克。雌雄外型相似，雌鳥體型略小於雄鳥。外型和白額雁相似，但體型較小，頭部較黑，全身體羽黑褐色，喙橙黃色，喙基部至前額白色，喙尖端顏色漸淡，頭暗褐色，眼周圍黃色，頸背有白色縱紋，頸內側至腹部有白色細橫斑，翅膀羽緣及尾下覆羽白色，腳橙黃色。幼鳥喙基部至前額無白色。

分布

主要分布於歐亞大陸，靠近北極、呈帶狀分布，冬季往南遷徙至歐洲東南部、伊朗、伊拉克及中國東南部，全球族群已有減少的趨勢。台灣少有發現紀錄，屬於迷鳥。

東亞分布圖

■生殖區 ■度冬區

相似種比較

—— 白額雁體型較大，羽色較淡。

—— 小白額雁眼周橙黃色，羽色較暗。

加拿大雁　學名：*Branta canadensis*
英名：Canada Goose

北美地區最具代表性的雁鴨，非加拿大雁莫屬，分布的範圍擴及整個北美大陸，只有少部分族群分布在英國，在亞洲出現的野外個體則爲迷鳥。加拿大雁曾經不是那麼普遍的雁鴨，尤其被稱爲大加拿大雁的亞種（*Branta maxima*），還一度被以爲絕種了，直到六〇年代，有一個小族群被發現，經由狩獵物種的管理及復育計畫的成功，才終於使族群回復。

相較於其他雁類，加拿大雁對於人類有很大的容忍度，牠可以和人類近距離的接觸，因此過去20年以來，在北美地區的一些都市，陸續發生所謂都市鵝（Urban Goose）的問題，原因是加拿大雁會跑到都市裡度冬，人們喜歡拿食物餵養牠們，牠們也喜歡被餵食，小雁跟著父母學習，所以也知道了這個好處，如此代代承傳，造成牠們的過度依賴人類，這樣下去，無論對人或者對這些都市鵝來說，絕對不是一件好事。

形態特徵

全長55～110公分，體重2059～6523公克。雌雄外型相似，全身體羽灰褐色或棕褐色，羽緣白色或灰白色，喙及腳黑色，面頰至喉部有一顯眼白斑，頭頸黑色，翅膀羽緣及尾下覆羽白色。亞成鳥大致與成鳥相似，但體羽顏色較淡，面頰白斑不明顯。共有11個亞種，差異在於體型大小及斑紋羽色的變化。

分布

廣泛分布於北美，因為人類的引介，現有少數族群分部於西歐及紐西蘭。冬季往南遷徙。台灣少有發現紀錄，被歸為迷鳥。

東亞分布圖

■生殖區

加拿大雁通常棲息於凍原、河口、沼澤和稻田，適應環境能力良好。主要以草本植物爲食，在陸地上或淺水中覓食。春天開始繁殖，單獨或群聚築巢，巢築於地面上，一窩產4至7顆蛋，約24至30天孵化，幼鳥孵化後40至86天脫離雙親的照顧，二至三年達性成熟。

黑雁

科名：雁鴨科　　學名：*Branta bernicla*

英名：Brent Goose, Brant

頸部像是戴了一圈珍珠項鍊的黑雁，體型僅比綠頭鴨稍大而已，尾羽也是所有雁類中最短的。在台灣屬於非常罕見的迷鳥。夏天棲息於北極靠海的寒帶草原，是典型的北極海洋鳥類，冬天棲息於淡鹹水交界的河口、海灣和泥灘地，多在海邊活動，很少出現在內陸，主要以草本植物為食，尤其是一種稱為鰻草（eel-grass）的海草。

近十年來，在歐洲的觀察發現，黑雁有往內陸農地停留覓食的傾向，此行為及現象，可能是和其他雁類學習來的，但也有可能是受到天然食物資源短缺的影響。每年五至六月開始繁殖，群聚築巢，巢築於地面，一窩平均產3至5顆蛋，約

形態特徵

全長55～66公分，體重1200～2250公克。雄雌外型相似，全身體羽黑褐色，喙及腳黑色，頭，脖子至前胸暗褐色，頰下喉側白色有黑色斑紋，翅長而尖，振翅速度快，脅羽邊緣、下腹、尾上下覆羽白色，尾羽短，末端為黑色。幼鳥全身褐色，頸側沒有白色斑紋。共有四個亞種。

分布

主要分布於歐亞大陸，靠近北極，冬季則往南遷徙至歐洲西部、北美洲太平洋沿岸及東北部。台灣只有零星紀錄，屬於迷鳥。

東亞分布圖

■生殖區　■度冬區

24至26天孵化，孵化後約40天，即脫離雙親的照顧，幼鳥二至三年達性成熟。

花鳧 學名： *Tadorna tadorna*

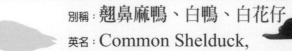

別稱：翹鼻麻鴨、白鴨、白花仔
英名：Common Shelduck,
Shelduck, Northern Shelduck

在野外尋找鴨蹤的時候，花鳧常能使人眼睛為之一亮。這種體型、體態介於雁和鴨之間的鳥類，外型非常美麗，即使在很遠的地方，也能輕易地辨識出來。

花鳧多於海邊泥灘、河口、沼澤地帶覓食，主要以無脊椎動物為食，特別是小型的軟體動物和甲殼動物，有時也吃食小魚。終身配對，四至五月開始生殖，單獨或群聚築巢，有領域性，巢築於樹洞或野兔窟等洞穴中，通常一窩產8至10顆蛋，也有一窩32顆蛋的紀錄，不過這也可能是被其他雁鴨托卵寄生的結果。雌鴨獨力孵蛋，約29至31天孵化，雛鴨全身披覆著灰黑色絨毛，且一孵化就可以自己找食物。

在鳥類世界中，花鳧的換羽遷移是一個迷人的現象。通常在雛鴨孵化後15至20天，許多花鳧家庭的雛鴨便

形態特徵

全長61～63公分，體重800～1450公克。頭及上頸墨綠色，下頸、脇、腹、背部為白色，胸部有棕色環帶，腹部底部具一黑色寬縱帶，喙及腳橙紅色，肩羽和初級飛羽為黑色，翼鏡暗綠色，尾羽短，末端為黑色，尾下覆羽污黃色。雌雄外型略異，生殖季時，雄鳥上喙基部至額間有突起瘤狀物，非繁殖季則無；雌鳥羽色較雄鳥淡且無光澤，喙基部有白色細環，無瘤狀物。

分布

分布於歐亞大陸。在歐洲西北部的族群，冬天往南方遷徙至非洲北部；分布於亞洲的族群，冬天往南方遷徙至裡海盆地度冬，部分在溫帶地區的個體，則多留在生殖地度冬。在台灣屬於稀有冬候鳥。

東亞分布圖

■生殖區 ■度冬區

會聚集起來，僅由少數幾隻成鳥陪伴，雛鴨的雙親則離開牠們飛到遠方隱密處進行換羽，在歐洲，直到十月下旬換羽結束，才又飛回原來的棲息地。

瀆鳧

學名：*Tadorna ferruginea*

別稱：赤麻鴨、黃鴨、黃鳧

英名：Ruddy Shelduck,
Brahminy Duck

　　在野外，和花臉一樣
　　容易被辨識出來，
繁殖於亞洲中部及西
亞，印度有最大的度冬
族群，棲息於淡水湖泊、河口、沙
洲、沼澤、稻田等沿岸。雜食性，
以樹葉、種子、甲殼動物和無脊椎
動物為食，多於晚間覓食。終身配
對，四至五月開始繁殖，單獨或群
聚築巢，有領域性，巢築於樹洞或
岩穴中，一窩平均產8至9顆蛋，雌
鴨獨力孵蛋，約28至29天孵化，孵
化後約55天，即脫離雙親的照
顧，幼鳥兩年達性
成熟。

形態特徵

全長63～66公分，體重930～1650公克。
全身體羽橙棕色，喙及腳黑色，雄鳥頭至
脖子由白漸深，脖子處有一黑色環斑，雌
鳥頭至上頸部為黃白色，頸無黑色環斑，
雄鳥於非繁殖季時黑色環斑會消失。翅膀
上下覆羽皆為白色，翼鏡暗綠色具有光
澤，初級飛羽及尾羽黑色。

分布

主要分布於歐亞大陸
和非洲北部。有棲息
於衣索比亞高地的族
群，為一小部分留
鳥，其他大部分族群
冬天則往南遷徙至中
國大陸東部和南部。
　　在台灣屬於
稀有冬候鳥。

東亞分布圖

■生殖區　■度冬區

―― 亞成鳥的頭部為灰色

棉鴨　學名：*Nettapus coromandelianus*

別稱：棉鳧

英名：Cotton Pygmy Goose, Cotton Teal, White Pygmy Goose

和樹鴨一樣，是典型的熱帶性雁鴨鳥類，也沒有明顯的季節性遷移。棉鴨在台灣屬於迷鳥，發現紀錄不超過10次，最近一次發現是在2005年五月的新海橋下人工溼地。

棉鴨棲息於水生植物生長繁茂的淡水池內，大部分時候都在水面覓食，偶爾會潛水，主要以植物性食物為食，有時亦捕食昆蟲等無脊椎動物。生殖季節因地而異，但多選在雨季進行，單獨築巢，巢築在接近水邊的樹洞內，配對親鳥的領域性很強，會驅趕其他鳥類，通常一窩產6至16顆蛋，雛鳥絨毛棕褐色，其他生殖生態不詳。

形態特徵

全長31～38公分，體重380～400公克。雌雄外型不相似，雄鳥頭頂至額為黑色；眼周圍具黑色細環；頸環和背部為暗綠色，胸、腹部白色，喙、腳及尾下覆羽黑色，初級飛羽末端黑色，初級飛羽內側和次級飛羽末端白色。雌鳥眼具黑褐色過眼線，無頸環，頸部有雜亂的灰褐色斑紋，背部灰褐色，頸、胸、腹部為暗灰色。

分布

分布於亞洲南部至澳洲東北部之間，包括整個印度半島、緬甸、中國大陸南方、馬來西亞。基本上為留鳥，少部分會在雨季或冬季時遷徙。在台灣被歸為迷鳥。

東亞分布圖

■ 留鳥棲息地

鴛鴦　學名：*Aix galericulata*

別稱：官鴨、匹鳥、鄧木鳥

英名：Mandarin Duck

鴛鴦是台灣唯一的雁鴨科留鳥，少部分為冬候鳥，在宜蘭縣太平山、翠峰湖、鴛鴦湖、福山及台中縣武陵農場一帶，可見芳蹤，而德基水庫被發現的族群量最大。在中國福建的白岩溪（又稱鴛鴦溪）鴛鴦自然保護區，每年有上千隻鴛鴦度冬，是中國第一個以保護鴛鴦為目標的保護區。

鴛鴦棲息於山區森林溪流和內陸湖泊，多於晨昏或晚間活動，主要以葉子、種子和一些昆蟲等無脊椎動物為食，生殖期較偏好動物性食物。四至五月開始繁殖，築巢於溪旁喬木的樹洞中，由雌鴛鴦選擇巢洞，單獨築巢，一窩平均產9至12顆蛋，約28至30天孵化，雛鴨孵化後，雌鴛鴦會在巢洞外呼喚雛鴨離巢，雛鴨便一隻接著一隻從巢洞口往下跳，由於雛鴨全身絨毛蓬鬆，體重甚輕，並不會受傷。雛鴨孵化後約40至45天可以飛翔，隨即脫離雙親的照顧，加入其他群體。

雄鴛鴦獨特的「帆羽」，又稱相思羽或銀杏羽，是由三級飛羽特化而成。

形態特徵

全長41～51公分，體重444～500公克。全身體羽色彩豐富，雌雄外型不相似，雄鳥喙橙紅色，喙尖白色，腳黃色，繁殖羽鮮豔，頭後飾羽橙紫色，額至頭頂為藍綠色，眼周圍白色並延伸到後頸，三級飛羽橙黃色，末端白色，延伸突起似帆，下頸、胸、背部為紫褐色；胸側具兩條白色平行細紋，脅羽黃色；腹部至尾下覆羽白色。雌鳥喙黑色，腳黃色，眼周白色並向後呈線狀延伸，背部為暗褐色，胸、脅羽亦為暗褐色並有土黃色斑點。雌雄翼鏡均為藍綠色，雄鳥在非繁殖期的羽色似雌鳥。

分布

主要分布於亞洲東部、中國大陸北方和日本，冬季會往南遷徙至中國大陸東南、日本南方，少數會出現在台灣、印度東北方和緬甸北方。部分族群則終年留在日本與台灣之間的太平洋島嶼而成為留鳥，英、美也有部分野外馴化的族群。在台灣地區屬於留鳥，雪霸國家公園內的七家灣溪有較大的族群。

東亞分布圖

■ 生殖區　■ 度冬區
■ 留鳥棲息地

色彩艷麗的木鴨，雖有美洲鴛鴦之稱，同一部位的三級飛羽卻是很平凡。

鴛鴦　　木鴨

赤頸鴨　學名：*Anas penelope*

別稱：火燒仔、赤頸鳧、鵝仔鴨、鶴子鴨、紅鴨、祭鳧

英名：Eurasian Wigeon, Wigeon, European Wigeon

♂

♀

赤頸鴨的覓食行為和雁類相似，都喜歡在陸地上吃草，遷移前，當其他雁鴨開始努力食用高能量動物性食物時，赤頸鴨食物仍然以植物性為主，因此幾乎可以說是完全的素食主義者。在台灣為普遍冬候鳥，常邊飛邊發出如口哨般的叫聲。

　　赤頸鴨棲息於湖泊、草澤、河口、沙洲等淡水水域，主要以植物性食物為食。在金門，賞鴨季節可見大群赤頸鴨與其他雁鴨、水鳥，於海邊吃食酒廠排出的酒糟，而被一些鳥友戲稱為「酒糟鴨」。

　　每年四至五月為繁殖季節，單獨築巢，巢築在接近水邊的地面，有領域性，通常一窩產8至9顆蛋，雌鴨獨力孵蛋，雄鴨則在巢位附近守衛。約24至25天孵化，孵化後約40至45天脫離雙親的照顧，幼鳥兩年後達性成熟。

形態特徵

全長45～51公分，體重415～970公克。雌雄外型不相似，雄鳥繁殖羽頭部為紅褐色，額至頭頂黃色，前頸至胸部為褐色，背、脅為灰色，體側有一明顯白斑，腹部白色，尾下覆羽黑色。雌鳥全身體羽暗褐色，腹部及尾下覆羽白色，具有暗褐色斑紋。雌雄喙灰色，前端黑色，腳鉛色，翼鏡綠色。雄鳥非繁殖羽與雌鳥相似，但雄鳥翅膀覆羽為白色，雌鳥則為暗灰色。

分布

分布於歐亞大陸北方，冬天則往南遷徙至歐洲西部沿岸、地中海、黑海、裡海、伊朗、伊拉克東部和南部、中國大陸東部、日本等地。在台灣為普遍的冬候鳥。

東亞分布圖

■生殖區 ■度冬區

葡萄胸鴨 學名：*Anas americana*

別稱：綠眉鴨

英名：American Wigeon, Baldpate

外型和赤頸鴨相似，但眼
周綠色，頭部不若赤頸鴨
紅，可以作爲野外辨識的依
據。葡萄胸鴨分布範圍遍及北
美，族群量在浮鴨類中僅次於
綠頭鴨和尖尾鴨。不過，出現
於亞洲的個體多爲迷鳥。

　　葡萄胸鴨棲息於淡水草澤、海
灣、河口、沙洲及湖泊環境，除了
繁殖季之外，常聚集成大群，主要
以植物性食物爲食。四至五月開始
生殖，單獨或聚集築巢，巢築於水
邊植叢中，一窩平均產7至9顆蛋，
約25天孵化，孵化後約37至48天，
即脫離雙親的照顧，幼鳥兩年後達
性成熟。

形態特徵

　　全長45～56公分，體重680～770公
克。雌雄外型不相似，雄鳥喙鉛色，
末端黑色，腳爲灰色，繁殖羽額至頭
頂爲白色，眼周延伸至後頸爲綠色，頰
至頸側爲灰色有細紋，背褐色，胸、脇
爲紫褐色，腹部白色，尾下覆羽黑色，飛
行時可見綠色翼鏡和白色覆羽。雌鳥眼周
無綠色羽毛，背部羽色較雄鳥暗沉，羽毛
邊緣淡棕色，胸、脇羽橙棕色。雌雄翼
鏡均爲綠色，雄鳥非繁殖期羽色似雌鳥。

分布

主要分布於北美洲，
冬季會往南遷徙至太
平洋沿岸、墨西哥、
巴拿馬、西印度群島
及中美洲等地度冬。
台灣有零星的發現紀
錄，被歸爲迷鳥。

東亞分布圖

■生殖區　■度冬區

羅文鴨 學名：*Anas falcata*

別稱：羅紋鴨

英名：Falcated Teal, Falcated Duck

在亞洲的雁鴨中，唯一能媲美鴛鴦之誇張頭部羽毛的，只有雄羅文鴨了，在求偶時，雄鴨常常豎立自己的頭冠，使整個頭部變得很大。羅文鴨體型和赤頸鴨相當，屬於粗壯型浮鴨類，三級飛羽成鐮刀狀垂下，相當特殊，是野外辨識重點，也是其英文名稱由來。但在台灣，羅文鴨是不普遍的冬候鳥，若想一親芳澤，在金門發現的機率較高。

羅文鴨夏天棲息於河谷內的湖泊、水澤附近，冬天則棲息於溼地，主要以植物性食物為食，有時也捕食無脊椎動物。五至六月開始生殖，單獨或小群聚集築巢，巢築在接近水邊的地面，通常隱藏於草叢之下，一窩產6至9顆蛋，約24至26天孵化。

形態特徵

全長46～54公分，體重422～770公克，體型矮胖，頭部比例大。雌雄外型不相似，雄鳥繁殖羽頰、額、頭頂至後頸為紫褐色，額前靠近上喙基部有一白點，眼周圍為暗綠色大塊延伸至頸側，喉至前頸為白色，中間有黑色環紋，背灰色，胸部以下白色，雜有黑色細紋，三級飛羽長而下垂呈鐮刀狀，尾羽、尾下覆羽黑色，兩側為黃色呈三角形。雌鳥全身暗褐色，頭部灰褐色。雄鳥的非繁殖羽似雌鳥，但雄鳥喙的色澤較淡。

分布

分布於亞洲東部、西伯利亞東部、庫頁島，冬天則往南遷徙至中國大陸黃河流域以南、日本、韓國、越南等地。在台灣屬於不普遍冬候鳥。

東亞分布圖

■生殖區 ■度冬區

赤膀鴨　學名：*Anas strepera*

英名：Gadwall

赤膀鴨在美洲又被稱做灰鴨（gray ducks），即使是雄鴨，也沒有其他多數浮鴨般的亮眼羽毛，因此野外辨識時，通常無法被立即認出來，甚至常常和雌綠頭鴨混淆。其實赤膀鴨有一個辨識重點，那就是牠們是浮鴨類中唯一有白色翼鏡的鴨子。

赤膀鴨棲息於湖泊、沼澤、河口、沙洲及草地等環境，主要以植物性食物為食。四至五月開始繁殖，單獨或聚集築巢，聚集築巢的範圍是所有浮鴨中較密集的，所以托卵寄生的現象很普遍，大多是種間寄生，不過也有被其他種雁鴨寄生的情形，巢築於水邊植叢中，一窩平均產8至12顆蛋，約24至26天孵化，孵化後約45至50天，即脫離雙親的照顧，幼鳥一至兩年後達性成熟。

形態特徵

全長46~58公分，體重850~990公克。雌雄外型略異，雄鳥嘴鉛色，腳黃色，頭灰褐色，黑色過眼線明顯，全身大致為灰色，腹部白色，背灰褐色，羽緣棕色，下頸至胸部有黑色細紋，尾上、下覆羽黑色，尾羽淡灰色。雌鳥嘴黃色，上嘴中間有黑色，全身體羽淡褐色，雜有暗褐色斑紋。雄鳥非繁殖羽似雌鳥。

分布

廣泛分布於北半球。北美洲族群冬季往南遷徙至墨西哥中部、古巴、牙買加，歐亞大陸族群則往南遷徙至中國大陸東部、日本、印度北部、地中海東岸、黑海和裡海度冬。在台灣被歸為稀有過境鳥。

東亞分布圖

■生殖區 ■度冬區

巴鴨　學名：*Anas formosa*

別稱：花臉鴨、丑鴨

英名：Baikal Teal, Formosa Teal

注意看，巴鴨的學名中有「*formosa*」這個拉丁文，這可能會讓人以為牠是以台灣命名的，其實不然，只是為了讚賞牠「美麗」的意思而已，而巴鴨也確實是一種很美麗的鴨子。雄巴鴨臉部就像已經畫好妝的小丑，在野外很容易被辨識出來，也因為如此，常遭人為捕捉販賣。遷移時，常大群聚集，有時可達數千隻。

巴鴨棲息於針葉林內的沼澤、凍原邊緣的河流、草澤、淡水或鹹水湖泊等，主要以植物性食物為食，有時也捕食無脊椎動物。五月開始生殖，單獨或小群聚集築巢，巢築在接近水邊的地面，通常一窩產6至9顆蛋，約24至25天孵化，雄鳥在繁殖後即迅速換羽，雌鳥則較晚。

形態特徵

全長39～42公分，體重365～520公克，雌雄外型不相似，喙黑色，腳暗黃色，雄鳥繁殖羽頭至後頸為黑褐色，背部褐色，肩羽長而下垂，眼周圍有黃、綠、黑相間的大塊斑紋，前頸至胸部黃褐色，雜有深褐色斑點；胸側及尾下覆羽基部各有一條白色縱紋，腹部白色，脅灰色，尾下覆羽黑色。雌鳥全身灰棕色，雜有黑褐色斑點，喙基部有一明顯白點。雄鳥非繁殖羽與雌鳥相似。

分布

分布於亞洲東部西伯利亞，冬天則往南遷徙至日本南部、中國大陸東南。在台灣為稀有過境鳥。

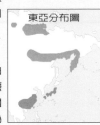

東亞分布圖

■生殖區 ■度冬區

小水鴨 學名：*Anas crecca*

別稱：綠翅鴨

英名：Green-winged Teal, Teal, Common Teal, Eurasian Teal

小水鴨體型僅僅比鴿子稍大一點，族群數量是所有雁鴨中最大的，分布也最廣。有學者將北美的小水鴨視為獨立的一個種類，英文稱為Green-winged Teal，而出現在台灣的小水鴨則稱為Eurasian Teal，但兩者外型其實差不多。小水鴨是台灣最普遍的度冬雁鴨，度冬族群也最大，每年總是準時造訪，從不缺席。在野外，和小水鴨體型大小相仿的白眉鴨雌鳥，可能會被誤判為小水鴨雌鳥，此點可由白眉鴨雌鳥有較粗黑的過眼線及頭頂羽色來辨別。

　　小水鴨棲息於溪流、草澤、河口、沙洲、淡水湖泊等環境，以植物性食物為食，但也會吃一些無脊椎動物。四至五月開始繁殖，單獨或聚集築巢，巢築於地面淺窪處，一窩平均產8至11顆蛋，約21至23天孵化，孵化後約25至30天脫離雙親的照顧，幼鳥一年後達性成熟，一般情狀下，雄鳥在雌鳥開始孵蛋時就離開雌鳥，並與其他雄鳥聚集在安全的水域換羽，雌鳥則在巢邊換羽。

形態特徵

全長34～43公分，體重340～360公克。雌雄外型不相似，雄鳥繁殖羽頭至頸部為暗褐色，眼周圍的暗綠色延伸到頸側，背、脇為灰色，有深色細紋，胸部淡黃色有小斑點，腹部白色，尾下覆羽黑色，兩側為黃色呈三角形。雌鳥全身暗褐色，有黑色過眼線，和其他鴨類雌鳥的區別在於較小的喙以及大塊白色的尾下覆羽。雄鳥非繁殖羽與雌鳥相似。共三個亞種，其中分布於歐亞大陸的 *A.c.nimia* 及 *A.c.crecca* 亞種，體側肩部有一明顯的橫向白斑，分布於美洲的 *A.c.carolinensis* 亞種則在胸側有縱向白斑。

分布

廣泛分布於北半球。冬季往南遷徙到溫帶的歐洲、亞洲及熱帶的亞洲、北美洲南部度冬。在台灣為普遍的冬候鳥。

東亞分布圖

■生殖區　■度冬區

綠頭鴨 學名：*Anas platyrhynchos*

英名：Mallard

一般人對綠頭鴨的印象絕不會陌生，牠是世界上最有名氣的鴨子，因為被人類馴養最久，也是最受歡迎的狩獵鴨種，可是在台灣，牠卻是不普遍的冬候鳥。野外常混群在其他鴨種之中，早年的澄清湖，還可見到成群的綠頭鴨蒞臨，然而時過境遷，此景早已不再。綠頭鴨對環境的適應能力高於其他雁鴨，有的甚至會在養鴨場住下來，和家鴨繁殖後代，有的在都市公園就可以養育下一代。

野生的綠頭鴨棲息於河口、沙洲、沼澤、淡水湖泊及人工池塘等，主要以植物性食物為食，有時也捕食無脊椎動物或小型魚類。生殖季節因地而異，單獨或小群聚集築巢，巢築於地面，部分築於樹上，通常一窩產9至13顆蛋，約27天孵化，孵化後約50至60天脫離雙親的照顧，幼鳥一年後達性成熟。

形態特徵

全長50～65公分，體重750～1570公克。雌雄外型不相似，雄鳥喙黃色，腳橙黃色，繁殖羽頭、頸上部綠色，有一圈白色環斑，頸下部至胸暗褐色，背、腹部灰色，尾上、下覆羽皆為黑色，尾上覆羽上捲。雌鳥喙暗橙色，上喙有黑斑，全身褐色，有暗褐色斑紋，過眼線黑褐色。雄鳥非繁殖羽與雌鳥相似，但雄鳥喙為黃色，易於區別。由於人為引介，加上與其他鴨種雜交，部分地區已出現小族群的亞種，目前共有七個亞種。

分布

除了北極凍原、高山、沙漠之外，廣泛分布於整個北半球，歐洲西部、北美部分地區有些是留鳥，但大部分為候鳥，冬天則往南遷徙度冬。在台灣是不普遍的冬候鳥。

東亞分布圖

■生殖區　■度冬區

花嘴鴨

學名：*Anas poecilorhyncha*

別稱：斑嘴鴨

英名：Spot-billed Duck

花嘴鴨的生活方式和
綠頭鴨差不多，都是成
小群聚集活動，喜歡在
緩慢的水池裡休息、嬉
戲，也都喜歡以倒栽蔥的
方式覓食。體型不算小的
牠們，無論雌雄，在喙端
都有一個亮眼的黃斑，非
常容易辨識。花嘴鴨在台灣
為普遍的冬候鳥，少數在花東地區
及金門有繁殖的紀錄。

花嘴鴨棲息於湖泊、草澤、河
口、沙洲等環境，主要以植物性食
物為食，偶爾也吃食昆蟲、蝸牛等
無脊椎動物。繁殖季節因地而異，
主要受當地水位影響，多選在雨季
後進行，部分地區也有一年生殖兩

形態特徵

全長58～63公分，體重750～1500
公克。雌雄外型相似，喙黑色，先
端黃色，腳橙色，頭部淡褐色，過眼
線黑色，額、頭頂、背部、胸部、腹
部皆為暗褐色，三級飛羽羽緣白色，翼
鏡深藍色。共有三個亞種，其中
*A.p.zonorhyncha*亞種眼睛下方接近喙基部
有一黑斑。

分布

分布於亞洲東部的熱帶
地區，大部分為留鳥，
少部分冬季會遷徙。在
台灣為普遍的冬候鳥，
金門、墾丁龍鑾潭及花
東地區，有少數個體已
成為留鳥。

東亞分布圖

■ 生殖區　　■ 度冬區
■ 留鳥棲息地

次的情形，巢築於水邊灌叢的地
面，一窩平均產7至9顆蛋，約24天
孵化。

呂宋鴨

學名：*Anas luzonica*

別稱：棕頸鴨、菲律賓鴨

英名：Philippine Duck

　　體型大小和綠頭鴨相似，可是外型卻和花嘴鴨較為相近，辨識的重點在於呂宋鴨的橙黃色頭部，牠是菲律賓特有種雁鴨。

　　呂宋鴨棲息於山區湖泊、沼澤、小池塘、河流等，食性可能和綠頭鴨類似。雖然不曾有野生族群的繁殖紀錄資料，但根據人為豢養的資料顯示，牠們巢築於地面上，一窩產10顆蛋，約25至26天孵化。根據調查，過去三十年來，由於溼地過度開發為農作地，加上狩獵的壓力，野生的呂宋鴨族群有下降趨勢。

形態特徵

全長48～58公分，體重725～977公克。雌雄外型相似，喙鉛灰色，尖端黑色，腳為黃褐色，頭部為黃褐色，頭頂暗褐色，且延伸至後頸，過眼線黑色，頸至腹部為漸深的灰褐色，背部暗褐色，翼鏡藍綠色，尾羽褐色，尾上、下覆羽暗褐色。

分布

分布於菲律賓群島，為菲律賓特有種鳥類，大部分為留鳥，只有少數會遷徙。台灣有零星幾筆的發現紀錄，被歸為迷鳥。

東亞分布圖

■ 留鳥棲息地

尖尾鴨 學名：*Anas acuta*

別稱：針尾鴨、尖尾仔
英名：Pintail, Northern Pintail

尖尾鴨有著優雅的身形以及敏捷的行動，使得人們可以快速地認出牠們，但若想仔細端詳牠們美麗的羽毛，除非牠們正在休息，否則目光很容易只放在牠們頭頸部羽色分明的部位。度冬族群喜歡成群活動，是典型的水面覓食鴨子，有時也採倒栽蔥的方式覓食，由於頸部較長，所以較綠頭鴨或是花嘴鴨可伸入更深的地方擷取食物。尖尾鴨在台灣屬於普遍冬候鳥，但出現的族群量都不大。

尖尾鴨棲息於湖泊、沼澤、河口、沙洲等環境，多數分布於靠近海岸的溼地環境，少部分會小群散布於內陸地區，以植物性食物為食，偶爾也吃食昆蟲蝸牛等無脊椎動物，覓食時間多在晚上進行。繁殖季節因地而異，單獨或聚集築巢，巢築於水邊灌叢的地面上，一窩平均產7至9顆蛋，約22至24天孵化，孵化後約40至45天，即脫離雙親的照顧，幼鳥一至二年達性成熟。和其他多數浮鴨類比較不同的是，雄尖尾鴨會陪伴在雌鴨身邊，直到蛋孵化後，才會離開去換羽。

形態特徵

全長50～65公分，體重約850公克。雌雄外型不相似，雄鳥體型略大於雌鳥。雄鳥繁殖羽頸後方、背部、脇為灰色，並有黑色細紋，頸修長，前頸的白色部分從頸側延伸至頭部，形成一白線，胸、腹部白色，尾羽及尾下覆羽黑色，中央兩根尾羽明顯突出成尖狀，尾下覆羽基部兩側乳黃色，翅膀肩羽修長下垂，翼鏡綠色，喙及腳鉛灰色。雌鳥全身體羽褐色，有黑褐色斑紋，腹部至尾下覆羽為污白色，尾下覆羽具黑褐色斑紋，尾羽尖狀，但沒有雄鳥長。雄鳥的非繁殖羽似雌鳥。共有三個亞種。

分布

分布於北半球，包括整個北美洲、歐洲、亞洲，冬天會南下至北美洲南岸、中美洲、非洲撒哈拉北方、歐洲溫帶地區、地中海、印度半島、亞洲熱帶地區北部等地。在台灣為普遍的冬候鳥。

東亞分布圖

■ 生殖區　■ 度冬區

白眉鴨 學名：*Anas querquedula*

英名：Garganey

白眉鴨體型約和小水鴨相當，行動敏捷快速，棲息於淺水沼澤、河口、沙洲、淡水湖泊等環境。雜食性，以小型兩棲類、無脊椎動物、種子及水生植物為食。四至五月為繁殖季節，雄鴨在求偶或交配時，會發出類似爆破的獨特鳴聲，很像鵲鴨的求偶方式，這在浮鴨類很少見，不過雌白眉鴨卻是很安靜。單獨或聚集築巢，巢築於水邊灌叢的地面上，一窩平均產8至9顆蛋，約21至23天孵化，孵化後約35至40天，即脫離雙親的照顧，幼鳥一年後達性成熟。

形態特徵

全長37～41公分，體重290～480公克。雌雄外型不相似，雄鳥頭頂、背部為暗褐色，頭部褐色，眉白色而明顯並延伸至後頸，脇灰白色，腹部白色，肩羽長且黑白相間，翅膀覆羽藍灰色，翼鏡綠色，尾上、下覆羽淡棕色並有黑色斑紋，喙及腳黑色。雌鳥全身褐色，有暗褐色過眼線，過眼線邊緣白色，翅膀覆羽褐色，腳污黃色。
雄鳥非繁殖羽與雌鳥相似。

分布

主要分布於歐亞大陸，冬季往南遷徙至熱帶地區度冬。在台灣屬於過境鳥或不普遍冬候鳥。

東亞分布圖

■生殖區　■度冬區

琵嘴鴨

學名：*Anas clypeata*

英名：Northern Shoveler, Shoveler, European Shoveler

鴨嘴是所有雁鴨鳥類的特色之一，而琵嘴鴨的嘴型更是奇特，不僅吻端膨大呈匙狀，嘴裡還長了一排像梳子一樣的角質構造，這樣的嘴，除了用來攝取水草外，更能在渾濁的污泥中過濾出浮游生物。牠偶爾也吃食昆蟲、蝸牛等無脊椎動物。這副鴨嘴中的鴨嘴，使得牠們比其他鴨子更能適應多樣的覓食環境。台灣每年冬季都有為數不少的琵嘴鴨蒞臨，在淡水河沿岸濕地，牠們的數量是僅次於小水鴨的普遍鴨種。

俗稱「大嘴爬仔」的琵嘴鴨，主要棲息於草澤溼地、河口、沙洲、沼澤、湖泊等淡水環境，常與其他鴨種混群活動。北美洲的獵人往往不怎麼喜歡琵嘴鴨，因為牠們的肉並不好吃，但由於牠們大多混群在綠頭鴨群中，因此還是常遭誤殺。每年四至五月是牠們的繁殖季節，

形態特徵

全長43～56公分，體重410～1100公克。喙長超過頭長，大而扁平。雌雄外型不相似，雄鳥喙黑色，腳橙色，生殖羽頭至上頸部為暗綠色、有光澤，下頸至胸為白色，背褐色，脇、腹部為棕褐色，周圍白色，翅膀覆羽淡藍色，翼鏡綠色，尾白色，尾上、下覆羽黑色。雌鳥喙棕灰色，側面橙色，全身褐色，翅膀覆羽藍灰色。雄鳥的非繁殖羽和雌鳥相似。

分布

廣泛分布於整個北半球，冬季則往南遷徙至北卡羅來納州、中美洲、非洲、歐洲溫帶地區、地中海、印度半島、亞洲熱帶地區等地度冬。在台灣為常見的冬候鳥。

東亞分布圖

■生殖區 ■度冬區

配對的琵嘴鴨，對巢位有極強烈的領域性，領域範圍絕不小於0.5公頃，因此多單獨築巢。巢築於水邊的草叢地面上，一窩平均產9至11顆蛋，約23天孵化，孵化後約40至45天脫離雙親的照顧，幼鳥在一歲後即達性成熟。

赤嘴潛鴨 學名：*Netta rufina*

英名：Red-crested Pochard

本種為大型潛鴨，在台灣
屬於迷鳥。棲息於有
廣大水域的湖泊、河
流等環境，雜食性，以小型兩
棲類、無脊椎動物、種子及水生植
物為食，大多時候會潛水覓食，有
時則像浮鴨般在水面攝食或者倒栽
蔥。四至五月為其繁殖季節，雄鴨
在求偶時會帶食物給雌鴨，單獨或
聚集築巢，巢築於水邊灌叢的地面
上，少數有將蛋產於其他鴨種的寄
生行為，一窩平均產8至10顆蛋，約
26至28天孵化，孵化後約45至50
天，即脫離雙親的
照顧，幼鳥一
至兩年後達性
成熟。

蝕羽期的雄鳥

形態特徵

全長53～58公分，體重830～1320公克。
雌雄外型不相似，雄鳥喙橙紅色，頭部棕
色，眼橙紅色，頸後、胸、腹部為暗褐
色，脇白色有棕色斑紋，背及翅膀覆羽淡
褐色，初級和次級飛羽為白色，尾羽褐灰
色，尾上、下覆羽黑色。雌鳥頭頂至後頸
褐色，背部、胸部皆為淡褐色，眼褐色，
喙鉛灰色，喙尖端有一淡黃色圓斑，尾上
及尾下覆羽分別為棕
色及白色。雄鳥非繁
殖羽時與雌鳥相似。

分布

主要分布於歐亞大
陸，冬季往南遷徙至
熱帶地區度冬，在台
灣被歸為迷鳥。

東亞分布圖

■生殖區　■度冬區

青頭潛鴨

學名：*Aythya baeri*

別稱：東方白眼鴨、白目鳧、青頭鴨

英名：Baer's Pochard, Baer's White-eye, Siberian White-eye

青頭潛鴨是一種很少被研究的雁鴨,分布範圍不大,在中國東北及俄羅斯少數地區繁殖,度冬族群和白眼潛鴨混群時,不易區別,尤其是雌鴨,雌青頭潛鴨喙旁羽毛顏色明顯較淡。目前的野生族群可能少於一萬隻。在台灣屬於迷鳥。

青頭潛鴨棲息於河口、沼澤、淡水湖泊或池塘等地,覓食時會潛入水中,以植物性食物為食,偶爾也吃食無脊椎動物。每年春季開始繁殖,單獨或聚集築巢,一窩平均產6至10顆蛋,約27天孵化。

形態特徵

全長46～47公分,體重680～880公克。雌雄外型不相似,雄鳥頭部為帶有光澤的暗綠色,眼白色,背部暗褐色,胸為紅褐色,喙暗灰色,尖端黑色,腳灰色,腹部白色,脇和腹側褐色,翅膀初級、次級飛羽及尾下覆羽白色。雌鳥頭、頸、背及胸部皆為褐色,眼褐色,喙基部內側有一淡褐色圓斑。雄鳥非繁殖羽與雌鳥相似。

分布

分布於西伯利亞東南部和中國大陸東北,冬季往南遷徙至中國長江流域南方至廣東省之間度冬。台灣有零星幾筆的發現紀錄,被歸為迷鳥。

東亞分布圖

■生殖區 ■度冬區

相似種比較

喙旁羽毛顏色較淡

白眼潛鴨雌鳥

青頭潛鴨雌鳥

紅頭潛鴨 學名：*Aythya ferina*

別稱：磯雁、紅鳳頭鴨、紅頭鴨
英名：Common Pochard, Pochard, European Pochard, Eurasian Pochard

♂

♀

紅頭潛鴨是一種內陸性候鳥，走中南亞路徑遷移，度冬區遍及中國南部沿海。外型上與帆背潛鴨和美洲潛鴨（*Aythya americana*）相似，後兩者只分布於美洲，如果出現在亞洲則可能是迷鳥，此三者雄鴨頭部均為紅色或橙紅色，辨識的地方在於喙及虹膜。

紅頭潛鴨棲息於淡水湖泊、開闊的河口、沙洲、沼澤等環境，雜食性，主要以水生植物為食，偶爾也捕食小型兩棲類、無脊椎動物、小魚，大多在夜晚覓食。四至五月為繁殖季節，單獨或聚集築巢，巢築於接近水域的地面或蘆葦叢上，一窩平均產8至10顆蛋，約25天孵化，孵化後約50至55天，即脫離雙親的照顧，幼鳥兩年後達性成熟。

形態特徵

全長42～58公分，體重900～1100公克。雌雄外型不相似，雄鳥頭至上頸部為紅色，喙灰色，尖端黑色，腳灰色，眼紅色，下頸至胸部為黑色，背部、脇、腹部為淡灰色，初級和次級飛羽淡灰色，尾上、下覆羽為黑色，尾羽灰色。雌鳥頭部、頸部、胸部為褐色，眼黑色，眼周有一淡色過眼線，背部、脇和腹部為污灰色，尾上覆羽黑色，尾下覆羽暗褐色。

分布

主要分布於歐亞大陸，橫跨整個歐洲和亞洲的北極凍原南方、蒙古、西伯利亞貝加爾湖、中國大陸新疆省。其中分布在歐洲西部溫帶地區的，有部分屬於留鳥。冬季往南遷徙至歐洲南部、地中海盆地、黑海和裡海、東至印度半島、緬甸北方、中國大陸南方和日本。台灣有零星幾筆的發現紀錄，被歸為迷鳥。

東亞分布圖

■生殖區　■度冬區

鳳頭潛鴨

學名：*Aythya fuligula*

別稱：澤鳧、黑頭四鴨

英名：Tufted Duck, Tufted Pochard

通常來說，潛鴨的體型都較浮鴨大，但在台灣被俗稱為「阿不倒仔」的鳳頭潛鴨，體型卻比綠頭鴨小，是一種體型不大的潛鴨類。雄鳥羽冠比雌鳥長，宛如腦後的一條小辮子，在中國是冬季的狩獵鴨種之一。每年十月至翌年四月間，為台灣普遍的冬候鳥，南部較北部更容易看到。在墾丁，有水鳥天堂之稱的龍鑾潭，可見到較多且數量穩定的度冬族群。在澎湖，也尚屬常見之冬候鳥，各水庫均可發現。性群棲，善潛水，少與其他鴨類混群，飛行時發出沙啞、低沉的「Kur-r-r, Kur-r-r」叫聲，飛行中的白色翼斑是辨識特徵之一。

鳳頭潛鴨主要棲息於淡水湖泊、池塘、河口、沼澤等，多在水域深而寬廣的環境。常大群聚集活動，覓食時會潛入水中，以小蝦、魚類、貝類、軟體動物或其他動物性食物為主，也吃水生植物。每年四至五月開始繁殖，單獨或聚集築巢，巢多築於水流緩慢的河邊，或有濃密草叢的小島嶼上，一窩平均產8至11顆蛋，約23至28天孵化，孵化後約45至50天，即脫離雙親的照顧，幼鳥至少兩歲後達性成熟。

形態特徵

全長40～47公分，體重1000～1400公克。雌雄外型不相似，喙灰色，尖端黑色，腳灰色，雄鳥繁殖羽時，頭至頸部為暗紫色，後頭飾羽下垂呈小辮狀，背、胸部為黑色，脇、腹部為白色，尾上、下覆羽為黑色。雌鳥頭、頸、背、胸部為暗褐色，脇褐色，腹白色，尾上、下覆羽暗褐色，但部分個體有些變異。雄鳥非繁殖羽時與雌鳥相似，但羽色較淡。

分布

主要分布於歐亞大陸，冬天往南遷徙至非洲、地中海、黑海、印度半島、中國東部和南部、日本等地。在台灣為冬季局部普遍的冬候鳥。

東亞分布圖

■生殖區　■度冬區

斑背潛鴨 學名：*Aythya marila*

別稱：鈴鴨

英名：Greater Scaup, Scaup

斑背潛鴨是 *Aythya* 屬潛鴨分布最北的種類，也是比較不喜歡潛水的潛鴨類，度冬地區則和鳳頭潛鴨以及只分布在美洲的小潛鴨 (*Aythya affinis*) 部份重疊，這三種潛鴨在外型上不易區分，尤其在遠距離觀察的時候。

斑背潛鴨夏天棲息於北極凍原、草原、海岸，冬天則在湖泊、河口、沼澤等水域深而寬廣的環境度冬。雜食性，以小型兩棲類、無脊椎動物、小魚、種子或水生植物為食。五月開始繁殖，有時延遲到七月，單獨或聚集築巢，巢築於地面上，一窩平均產8至11顆蛋，約26至28天孵化，孵化後約40至45天，即脫離雙親的照顧，幼鳥一至兩年後達性成熟。

形態特徵

全長40～50公分，體重900～1250公克。雌雄外型不相似，雄鳥的繁殖羽頭至頸部為帶有光澤的暗綠色，喙灰色，尖端黑色，腳黑色，眼黃色，背部白色具黑褐色細紋，胸部為黑色，脇、腹部白色，尾上、下覆羽為黑色。雌鳥全身為褐色，頭部顏色較深，喙基部周圍白色，腹部白色，尾上、下覆羽為暗褐色。

分布

廣泛分布於北半球的歐洲、亞洲、北美洲北部以及接近北極地區，冬天往南遷徙至北美洲大西洋沿岸、太平洋沿岸、歐洲、黑海和裡海及亞洲東部。在台灣屬於稀有不普遍的冬候鳥。

東亞分布圖

■生殖區 ■度冬區

白眼潛鴨

學名：*Aythya nyroca*

英名：Ferruginous pochard, Common White-eye, White-eyed Pochard

在台灣出現的潛鴨類中，有白色虹膜的雄鳥，除了本種外，還有青頭潛鴨及白翼海番鴨。白眼潛鴨大多數族群分布於東歐及中亞一帶，在台灣屬於迷鳥。

棲息於淡水湖泊、河口、沼澤等水域深而寬廣的環境，有時也出現在海岸溼地。聚集活動，擅游泳，覓食時會潛入水中或僅在水面搜尋，以水生植物、無脊椎動物為食。每年四至五月開始繁殖，單獨或聚集築巢，巢多築於水面灌叢，一窩平均產8至10顆蛋，約25至27天孵化，孵化後約55至60天，即脫離雙親的照顧，幼鳥一年後達性成熟。

形態特徵

全長38～42公分，體重410～650公克。雌雄外型相似，但雄鳥眼白色，雌鳥則為褐色。喙鉛灰色，尖端黑色，腳灰黑色，頭、頸、胸部及脇為暗褐色，背及翅膀羽色較深，腹白色，尾下覆羽為白色。

分布

主要分布於歐亞大陸，冬天往南遷徙至非洲、地中海、黑海、印度半島等地。在台灣被歸為迷鳥。

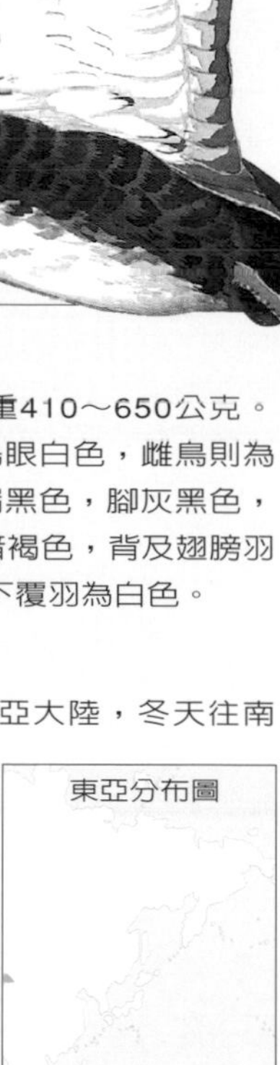

東亞分布圖

■生殖區　■度冬區

閉起眼睛睡覺的白眼潛鴨

帆背潛鴨

學名：*Aythya valisineria*

別稱：美洲磯雁

英名：Canvasback

帆背潛鴨是雁鴨鳥類中，少數飛行速度較快的種類之一，飛行時速可達120公里，據說牠的肉質鮮美，在北美地區，是相當受到獵人喜愛的一種雁鴨。僅分布於北美，在亞洲出現的，多為迷鳥。

棲息於湖泊、鹹水湖、沙洲、紅樹林沼澤等開闊水域。雜食性，以小型兩棲類、無脊椎動物、小魚、種子或水生植物為食，但主要取食一種水芹菜（*Vallisneria americana*）。五至六月開始繁殖，單獨或聚集築巢，巢多築於水面灌叢上，領域性強，一窩平均產9至10顆蛋，約24天孵化，孵化後約63至77天，即脫離雙親的照顧，幼鳥一年後達性成熟。

形態特徵

全長48～61公分，體重850～1600公克。雌雄外型不相似，雄鳥繁殖羽時，頭至上頸為紅褐色，喙黑色略長，腳灰色，眼紅色，胸部黑色，背、脇、腹部為白色，尾上、下覆羽為黑色，尾羽灰色。雌鳥眼褐色，頭、頸、胸部為淡褐色，背、脇、腹部為污灰色，尾上、下覆羽為暗褐色。

分布

主要分布於北美洲阿拉斯加中部、美國中西部的内布拉斯加州和明尼蘇達州，冬天往南遷徙至五大湖，並沿著海岸南至墨西哥中部。台灣有零星幾筆的發現紀錄，被歸為迷鳥。

東亞分布圖

■生殖區 ■度冬區

長尾鴨

學名：*Clangula hyemalis*

英名：Long-tailed Duck, Oldsquaw

長尾鴨屬於中型海鴨，除了繁殖季節外，多在海上活動。牠們善於潛水，但和多數潛鴨不同的是，潛水時，牠們的翅膀會微微張開，不過推進動力主要還是靠腳。最厲害的是，牠們可潛入水下達10公尺處覓食，甚至也曾有潛入水下60公尺的紀錄，可說是雁鴨類中的潛水冠軍。和其他海洋性鳥類一樣，生存威脅主要來自於海水污染、船漏油或者捕魚網。

繁殖季節和換羽時，棲息在凍原湖泊、河口、沼澤等寬廣水域的環境，冬季常出現在海岸環境聚集活動。以水生植物、無脊椎動物為食。每年五至六月開始繁殖，單獨或聚集築巢，巢築於

形態特徵

全長38～58公分，體重650～800公克。雌雄外型不相似，雄鳥繁殖羽時，頭、頸部白色，頰灰色，喉附近頸側有黑色圓斑，喙黃色，尖端及基部黑色，腳灰色，胸黑色部分延伸至背，脇、腹部為白色，尾羽白色，中間尾羽黑色延長呈線狀。雌鳥喙灰色，頭頂至後頸黑色，頰白色，胸、背淡褐色，脇、腹部白色，尾羽短。

分布

主要分布於北半球，靠北極附近。冬天往南遷徙至阿拉斯加、美東、歐洲西部沿岸、中國東北及日本等地。在台灣被歸為迷鳥。

東亞分布圖

■生殖區 ■度冬區

地面上，有時候混於北極燕鷗或絨鴨的集體巢區之間，一窩平均產6至9顆蛋，約24至29天孵化，孵化後約35至40天，即脫離雙親的照顧，幼鳥兩年後達性成熟。

換上全新夏羽的長尾鴨

白翼海番鴨

學名：*Melanitta fusca*

英名：White-winged Scoter,
Velvet Scoter

海番鴨（scoter）是一類通體黑烏烏的海鴨，全世界只有三種海番鴨，其中斑頭海番鴨（*Melanitta perspicillata*）只分布於北美洲，普通海番鴨（*Melanitta nigra*）以及白翼海番鴨則在歐、亞、北美洲均有分布。白翼海番鴨是三種海番鴨中體型最大的，也是唯一曾出現在台灣的海番鴨。平時喜歡貼著水面飛行，遷移時則飛得較高。

牠們主要棲息於針葉林及凍原的淡水湖泊、鹹水湖，冬季則在海岸環境棲息。雜食性，主要以無脊椎動物、小魚為食，偶爾也撿食植物性食物。五至六月開始繁殖，單獨或者聚集築巢，雌鴨對巢位的選擇，與牠們的掠食者──賊鷗（*Srercorarius parasiticus*）有很大的關係，賊鷗通常在水邊掠食其他鳥類的蛋或雛鳥，也包括白翼海番鴨在內，因此，雌鴨的巢位多選擇遠

形態特徵

全長51～58公分，體重1200～1790公克。雌雄外型不相似，雄鳥喙黃色，喙基部較厚，腳橙色，眼白色，眼睛周圍白色，全身體羽黑色，翅膀覆羽白色。雌鳥喙灰色，眼褐色，頰有兩處白斑，全身體羽褐色。共三個亞種。

分布

主要分布於北半球，冬天往南遷徙，沿著海岸至美西、美東、歐洲西部沿岸、中國東北及日本等地。在台灣被歸為迷鳥。

東亞分布圖

■生殖區　■度冬區

離水邊大約25至100公尺處，和多數雁鴨不同。一窩平均產7至9顆蛋，約27至28天孵化，孵化後約50至55天，即脫離雙親的照顧，幼鳥二至三年後達性成熟。

普通海番鴨 *M.nigra*

斑頭海番鴨 *M.perspicillata*

鵲鴨

科名：雁鴨科　　學名：*Bucephala clangula*

英名：Common Goldeneye, Goldeneye

鵲鴨是體型粗胖的海鴨，原產於北美，現在的分布也遍及了整個歐亞大陸，雌雄外型很容易區分。棲息於森林附近的寬廣淡水水域、河岸、沙洲、沼澤環境，常聚集活動。雜食性，主要以無脊椎動物或小魚為食，也會取食水生植物。每年四至五月開始繁殖，單獨築巢，巢築於樹洞中，有的也會利用人工巢箱，對於巢位相當念舊，如果沒有意外，會年復一年地回到原來的巢位。同種之間有托卵寄生的行為。

一窩平均產8至11顆蛋，約29至30天孵化，孵化後約57至66天，即脫離雙親的照顧，幼鳥兩年後達性成熟。

形態特徵

全長42～50公分，體重770～996公克。雌雄外型不相似，雄鳥喙黑色，腳橙色，頭部為具有光澤的暗綠色，頰有一明顯的圓形白斑，眼黃色，頸、胸、脇、腹部為白色，背部、尾羽及尾下覆羽為白色，尾上覆羽黑色，翅膀大覆羽內側、翼鏡皆為白色，其他部分則為黑色。雌鳥喙黑色，尖端橙色，頭部褐色，頭、頸交界有一白色頸圈，胸、脇、背部為灰色，腹部為白色，尾下覆羽灰褐色。雄鳥的非繁殖羽與雌鳥相似。

分布

廣泛分布於北半球，冬天往南遷徙至阿拉斯加沿岸、美中、歐洲西部、地中海、裡海、黑海、中國東部沿岸及日本等地。在台灣被歸為迷鳥。

東亞分布圖

■生殖區 ■度冬區

白秋沙

科名：雁鴨科　　學名：*Mergus albellus*

英名：Smew , White Merganser, White Nun

白秋沙為小型潛鴨，雄鳥全身主要為白色，喙短而尖，在野外容易被認為是海鷗等海鳥。棲息於淡水湖泊、河口環境。雜食性，主要以小魚為食，偶爾也捕食昆蟲。每年四至五月開始繁殖，單獨或聚集築巢，巢築於樹洞中，有的會利用人工巢箱，如果沒有適當的巢位，牠也可能去搶奪鵲鴨的巢位。

一窩平均產7至9顆蛋，雌鴨暫時離巢時，會用草葉、樹枝等覆蓋在蛋上面，約26至28天孵化，幼鳥兩年後達性成熟。

形態特徵

全長35～44公分，體重515～935公克。雌雄外型不相似，雄鳥的繁殖羽全身大致為白色，帶有部分黑色斑紋，喙短，腳灰色，眼周有黑色斑紋，頭有白色冠羽，冠羽下方黑色；背部中央黑色，兩側白色，胸、脇、腹部皆為白色，胸側具兩條黑色斑紋，翅膀肩羽、初級飛羽、大覆羽、翼鏡皆為黑色，中覆羽和翼鏡上下緣為白色，尾羽灰色。雌鳥額至後頸紅褐色，眼下方至喙基部黑褐色，頰至頸側、喉部為白色，背部暗褐色，胸、脇、腹部為灰色。雄鳥在非繁殖羽時與雌鳥相似。

分布

主要分布於歐亞大陸的針葉林帶，自瑞典北部至西伯利亞太平洋沿岸。冬天往南遷徙至歐洲東部、波羅的海西南方、黑海和裡海沿岸、中國東部、韓國、日本。台灣有零星幾筆的發現紀錄，被歸為迷鳥。

東亞分布圖

■生殖區 ■度冬區

川秋沙

學名：*Mergus merganser*

別稱：普通秋沙

英名：Common Merganser,
Goosander

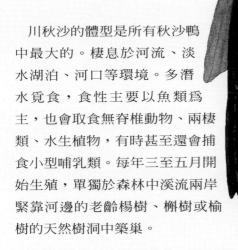

川秋沙的體型是所有秋沙鴨中最大的。棲息於河流、淡水湖泊、河口等環境。多潛水覓食，食性主要以魚類為主，也會取食無脊椎動物、兩棲類、水生植物，有時甚至還會捕食小型哺乳類。每年三至五月開始生殖，單獨於森林中溪流兩岸緊靠河邊的老齡楊樹、槲樹或榆樹的天然樹洞中築巢。

一窩平均產8至12顆蛋，約30至32天孵化，孵化後約60至70天，即脫離雙親的照顧，幼鳥兩年後達性成熟。

形態特徵

全長58～66公分，體重898～2160公克。雌雄外型不相似，雄鳥在繁殖羽時，頭至頸部為帶有光澤的暗綠色，冠羽不明顯，喙紅色，細長，先端向下鉤，腳橙色，背部中央黑色，兩側白色，下頸、胸、腹部為白色，少部分個體會略帶粉紅色，翅膀覆羽、翼鏡白色，初級飛羽黑色。雌鳥頭至上頸則為紅褐色，下頰白色，冠羽較雄鳥明顯，背部、上胸、脇為灰色，腹部白色，翅膀中、小覆羽、背至尾羽為灰色。雄鳥的非繁殖羽與雌鳥相似。

分布

主要分布於北半球的針葉林帶至溫帶地區，冬天往南遷徙至北美洲的佛羅里達州、加州、墨西哥北部、冰島、波羅的海、地中海、黑海、裡海、中國大陸東岸和日本。在台灣被歸為迷鳥。

東亞分布圖

■生殖區 ■度冬區

雌川秋沙非常呵護牠的雛鳥

紅胸秋沙

學名：*Mergus serrator*

別稱：海秋沙

英名：Red-breasted Merganser

在 四 種
分布於亞洲的秋
沙類鴨子當中，
紅胸秋沙是唯一
不在樹上（樹洞）
營巢的，和其他多數的雁
鴨一樣，牠將巢直接建立在地
面上，通常隱藏於濃密的植被或岩
石下面。外型容易和川秋沙混淆，
但紅胸體型稍小，性機警，尤其雄
性，在蝕羽期間無法飛行的情況
下，容易變得神經質，稍有動靜便
迅速潛水遁走。

　　紅胸秋沙主要棲息於湖泊、河
流、海岸、河口等，有較寬廣水域
的環境。雜食性，但以魚類為主
食。覓食時，常小群合作將魚趕至
淺水處再捕捉，在北大西洋某些地
方，由於紅胸秋沙會捕食鱒魚或者
其他經濟性魚種，因而承受了不小
的盜獵壓力。

　　每年四至六月開始繁殖，單獨或
聚集築巢，一窩平均產8至10顆
蛋，約32天孵化，孵化後約65天，
即脫離雙親的照顧，幼鳥兩歲後達
性成熟。

形態特徵

　　全長52～58公分，體重780～
1350公克。喙紅色，細而長，尖端
下鉤，腳橙色，眼紅色。雌雄外型不
相似，雄鳥在繁殖羽時，頭部為帶有光
澤的暗綠色，還有明顯毛絨狀冠羽，頸部
白色有一寬頸圈，頸至胸部為褐色，雜有
黑斑，背部中央為黑色，兩側白色，脅有
灰黑色橫向細紋，腹部白色，翅膀覆羽及
翼鏡白色，初級飛羽黑色。雌鳥頭部為褐
色，也有冠羽，前頸、胸、脅、背部灰褐
色，腹部白色，翅膀覆羽灰褐色。雄鳥的
非繁殖羽則與雌鳥相似。

分布

主要分布於北半球北部。冬天往南遷徙至
溫帶地區、冰島南
方、挪威南方、地中
海北岸、黑海、裡海
及亞洲中部、中國大
陸東岸、日本、太平
洋和大西洋沿岸、加
州和墨西哥灣。台灣
有零星幾筆的發現紀
錄，為迷鳥。

東亞分布圖

■ 生殖區　■ 度冬區

唐秋沙

學名：*Mergus squamatus*

別稱：中華秋沙

英名：Chinese Merganser,
Scaly Merganser,
Scaly-sided Merganser

唐秋沙是全世界七種秋沙鴨中族群量最小的，目前野生族群量約千餘隻，屬極度瀕危，因此，1997年中國黑龍江省成立了「中華秋沙保護區」。唐秋沙棲息於山區溪流、開闊的湖泊，但仍然偏好河流而非海岸環境，通常成對活動或家庭成員一起活動。多潛水覓食，食性主要以小型魚類和水生昆蟲為主，生殖期間則以河中石頭下的石蛾科幼蟲為食。

　　每年四至五月開始繁殖。根據中國大陸的學者研究，其生殖環境必須具備兩個條件：一要在有老齡樹木的成熟森林裡，如此才有較多的天然樹洞可以利用；二是森林中要有豐富的石蛾等水生昆蟲的清澈溪流。單獨築巢，有領域性，一窩平均產10顆蛋。孵卵期間，雌鴨不太離巢，雄鴨則會離開繁殖地並聚集換羽。

形態特徵

全長52～62公分。雌雄外型不相似，雄鳥頭部為帶有光澤的暗綠色，具有冠羽，喙紅色，細長，先端向下鉤，腳橙色，背部中央黑色，兩側白色，頸、胸、脇、腹部為白色，脇有灰褐色鱗狀斑紋。雌鳥頭至上頸則為紅褐色，下頰白色，背部、上胸、脇為灰色，腹部白色，翅膀中、小覆羽及尾羽灰色。

分布

主要分布於俄羅斯東南方、中國東北、北韓等地，只有少部分族群在冬季時會南下至韓國、中國東部和南部度冬。在台灣被歸為迷鳥。

東亞分布圖

■生殖區 ■度冬區

附錄 1

雁鴨外型快速辨識

喙基部突起，上喙橙紅色 ┈┈┈>

喙基部黃色

瘤鵠 P52

喙末端黃色 ┈┈>

黃嘴天鵝 P54

豆雁 P62

眼先黃色 ┈┈>

頸部羽色分明 ┈┈┈>

鵠 P56

鴻雁 P58

喙基至前額白色

喙基至前額白色 ·········>

眼周黃色

體型較白鵝雁小

腹部有黑色斑點

白額雁 P64

腹部有黑色斑點

小白額雁 P66

喉部白色

喙及眼圈橙紅色 ·········>

加拿大雁 P68

灰雁 P60

喉下白色，有黑色斑紋

黑雁 P70

喙基部突出

喙基部白色

花鳲 P72

胸部有棕色環帶，
如披戴圍巾

頭部白，
頸部無環帶

頸部有細黑色環帶

翼鏡綠色

瀆鳲 P74

頭頸部白色

棉鴨 P76

暗綠色環帶

眼睛白色

全身體羽黑色

白翼海番鴨 P120

眼睛橙色

眼睛褐色

長尾鴨 P118

尾羽很長

冠羽白色，
頭後黑色

頭棕色

白秋沙 P124

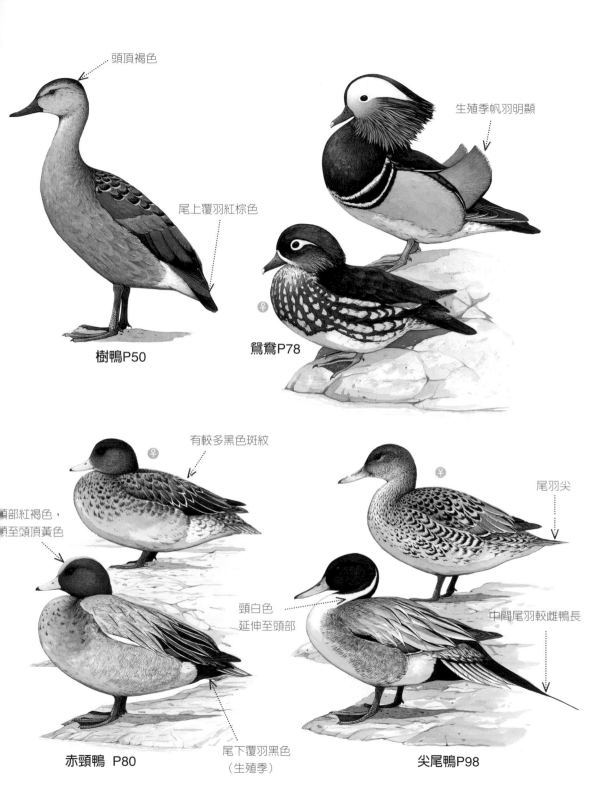

頭頂褐色

尾上覆羽紅棕色

樹鴨P50

生殖季帆羽明顯

♀

鴛鴦P78

有較多黑色斑紋

♀

頭部紅褐色，
頂至頭頂黃色

赤頸鴨 P80

尾下覆羽黑色
（生殖季）

尾羽尖

♀

頸白色
延伸至頭部

中間尾羽較雌鴨長

尖尾鴨P98

全身褐色

黑色斑較多

眼周至譬側綠色

頭部綠色

上喙基部白點

三級飛羽鐮刀狀

尾上下覆羽黑色

羅文鴨 P84

綠頭鴨 P92

眼周至後頸綠色

葡萄胸鴨 P82

喙基有白點

翼鏡也是綠色

頭部羽色斑紋像小丑

眼周至後頸暗綠色

巴鴨 P88

小水鴨 P90

暗褐色過眼線

眉白色

白眉鴨 P100

上喙中間黑色

喙黑色

尾上下覆羽黑色

赤膀鴨 P86

喙端黃色

花嘴鴨 P94

黑色過眼線

頭黃褐色

呂宋鴨 P96

喙大而扁平

頭部暗綠色

喙大而扁平

琵嘴鴨 P102

喙橙紅色

胸腹部暗褐色

赤嘴潛鴨 P104

眼白色

頭暗綠色

眼褐色

♀

青頭潛鴨 P106

眼紅色

喙基部黑色

紅頭潛鴨 P108

眼睛紅色

眼睛褐色

♀

帆背潛鴨 P116

像辮子似的飾羽

♀

腹部白色

鳳頭潛鴨 P110

喙黑色，基部白色

背白色有細小斑紋

♀

斑背潛鴨 P112

眼睛白色　眼睛褐色

喙端黃色　喙基有白色斑塊　頭部暗綠色

白眼潛鴨 P114

鵲鴨 P122

頭棕色

眼睛紅色　全身灰色

腹部白色

胸棕色有斑紋

川秋沙 P126

紅胸秋沙 P128

冠羽細長

脇部有明顯斑紋

脇部有明顯斑紋

唐秋沙 P130

雁鴨飛行快速辨識

喙橙紅色

瘤鵠 P52

頭頸部羽色分明

鴻雁 P58

喙基黃色

黃嘴天鵝 P54

翅膀覆羽灰色

灰雁 P60

喙端黃色

豆雁 P62

喙基有黃點

鵠 P56

喙基白色

白額雁 P64

眼周黃色

小白額雁 P66

黑色肩羽

腹部有黑色縱帶

花鳧 P72

喉至頰白色，頸黑色

加拿大雁 P68

頭頸部白色

棉鴨 P76

頸部有白斑

黑雁 P70

覆羽白色

瀆鳧 P74

腹部白色

鴛鴦 P78

翅膀覆羽白色

翼鏡暗綠色

赤頸鴨 P80

中覆羽棕色

翼鏡白色

赤膀鴨 P86

眼周至後頸綠色

翅膀覆羽白色

葡萄胸鴨 P82

尾下覆羽黑色

翼鏡綠色

巴鴨 P88

黑色環紋

翼鏡暗綠色

羅文鴨 P84

尾下覆羽黑色，
兩側有黃色斑塊

小水鴨 P90

中間尾上覆羽上捲

翼鏡藍色

綠頭鴨 P92

三級飛羽羽緣白色

翼鏡藍色

花嘴鴨 P94

暗褐色過眼線

翅膀覆羽藍灰色

翼鏡暗綠色

白眉鴨 P100

頭部黃褐色

翼鏡綠色

呂宋鴨 P96

翅膀覆羽藍灰色

翼鏡綠色

琵嘴鴨 P102

翅膀覆羽紅棕色

尾上覆羽紅棕色

樹鴨 P50

翼鏡暗綠色

尖尾鴨 P98

頭側黑色斑塊明顯

長尾鴨 P118

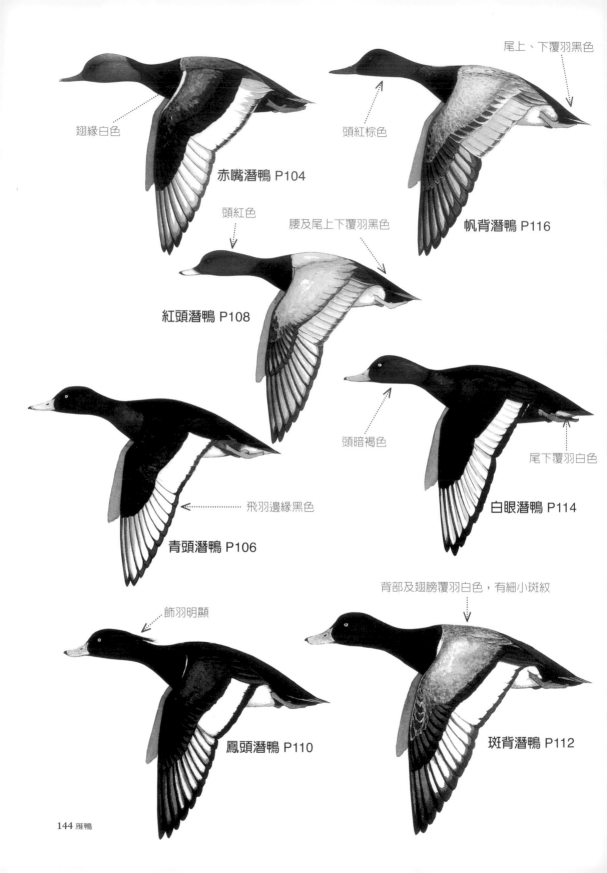

翅緣白色

赤嘴潛鴨 P104

尾上、下覆羽黑色

頭紅棕色

帆背潛鴨 P116

頭紅色

腰及尾上下覆羽黑色

紅頭潛鴨 P108

頭暗褐色

尾下覆羽白色

白眼潛鴨 P114

飛羽邊緣黑色

青頭潛鴨 P106

背部及翅膀覆羽白色，有細小斑紋

飾羽明顯

鳳頭潛鴨 P110

斑背潛鴨 P112

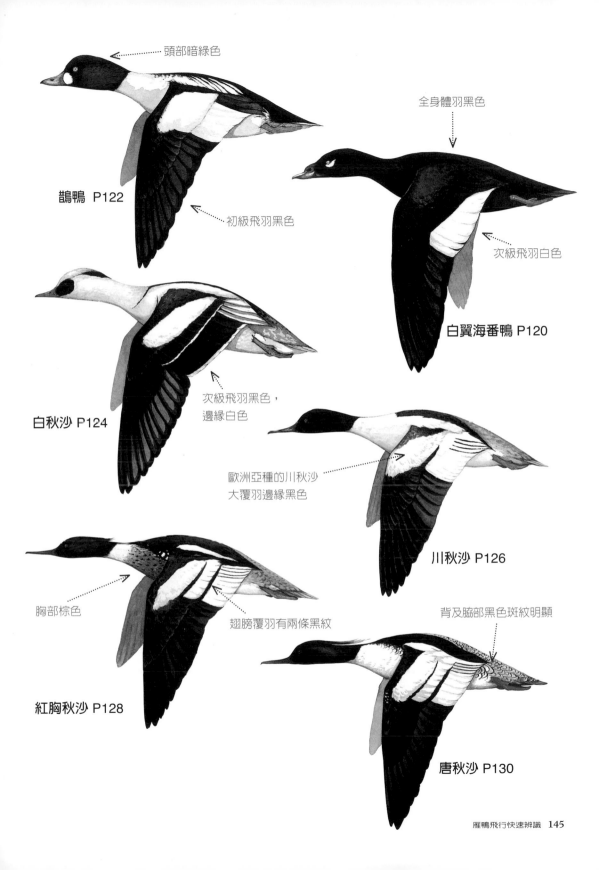

頭部暗綠色

鵲鴨 P122

初級飛羽黑色

全身體羽黑色

次級飛羽白色

白翼海番鴨 P120

白秋沙 P124

次級飛羽黑色，
邊緣白色

歐洲亞種的川秋沙
大覆羽邊緣黑色

川秋沙 P126

胸部棕色

紅胸秋沙 P128

翅膀覆羽有兩條黑紋

背及脇部黑色斑紋明顯

唐秋沙 P130

附錄 3
台灣賞鴨地點推薦

宜蘭地區：蘭陽溪口、竹安濕地、五十二甲濕地(利澤簡)、無尾港濕地。
台北地區：關渡濕地、立農濕地、華江橋濕地。
新竹地區：港南（客雅溪口）。
中彰地區：大肚溪口濕地。
嘉義地區：鰲鼓。
台南地區：四草、曾文溪口。
高雄地區：高屏溪口。
屏東地區：龍鑾潭。
台東地區：大坡池。
金門地區：金沙水庫、金門酒廠。

蘭陽溪口

水鳥保護區，常現稀有雁鴨

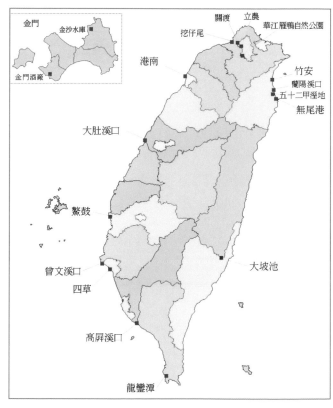

蘭陽溪口位於蘭陽溪、宜蘭河及冬山河三條河川匯流處，棲地型態為河口沙洲、泥灘、草澤、灌叢及旱田，因本區位於秋冬季候鳥遷徙路徑，區內鳥類種類豐富，每年都吸引大批的候鳥或過境鳥棲息，台灣四百餘種鳥類中，會出現在本區的鳥種就有半數之多，鷗科、鷸鴴科、鷺科及雁鴨科為大宗，以遷移性水鳥為主，也常出現稀有的鳥類，如丹頂鶴、黃嘴天鵝、白額雁、黑雁等，雁鴨科鳥類大多在蘭陽大橋和興南大橋之間棲息。宜蘭縣政府已將此區劃為「蘭陽溪口水鳥保護區」，並在沿途重要路口設立賞鳥解說牌。

竹安濕地
潛鴨數量居宜蘭之冠

竹安溼地位於宜蘭竹安溪的出海口，棲地型態多為溪床、沼澤、荒廢魚塘、休耕地、淺塘及排水渠道組成，面積遼闊，以往每年均吸引大批的候鳥或過境鳥到此棲息。在蘭陽平原中，此處的雁鴨數量僅次於五十二甲濕地，也是宜蘭地區潛鴨數量最多的地方，但自從養殖專業區設立後，原本吸引水鳥的條件減少許多，如今除了幾個較大的沼澤尚可看到一些雁鴨科鳥類外，鳥況已大不如前。10月至翌年3月是賞鴨的最佳時段，觀察重點集中在中崙橋至玉龍橋間的溼地、魚塘。

五十二甲濕地
雁鴨數量為蘭陽之冠

五十二甲濕地位於五結鄉利澤村及下福村的多山河畔，由於五股圳貫流其間，形成水深及膝的沼澤，因此棲地型態大部分為水田或草澤。因水生植物豐富，雖然不時有盜獵或毒殺候鳥情事發生，沼澤面積也因為填土開發而日益縮小，每年還是吸引了大批的候鳥或過境鳥來此棲息。10至11月南遷的雁鴨族群達到高峰，小水鴨、尖尾鴨、琵嘴鴨、赤頸鴨及白眉鴨是本區容易見到的鴨種。

無尾港濕地
小水鴨、尖尾鴨及花嘴鴨數量多

無尾港濕地位於宜蘭縣大坑罟與澳仔角之間，是一封閉型淡水濕地，只有在颱風季節才偶有海水灌進濕地，棲地型態為闊葉林、雜木林、防風林、草地、草澤、水田、河流、農耕地及海濱沙地。無尾港濕地的鳥類主要以水鳥為主，其中又以數量龐大的度冬雁鴨最為著名，每年10月至次年3月估計有三千隻以上雁鴨在這裡棲息，其中小水鴨、尖尾鴨及花嘴鴨是數量較多的種類。

關渡溼地
國際知名的候鳥遷移站

關渡溼地位於基隆河與淡水河交接處，棲地型態為沼澤、紅樹林、池塘、草澤、稻田、灌溉渠道、廢土堆。本區鳥類資源豐富，主要以涉禽等水鳥為主，每年10月雁鴨鳥類陸續抵臨棲息，為國際知名的候鳥遷移站之一。關渡溼地由基隆河畔的堤防分隔為南北兩區，南區於1986年由農委會公告設立為「關渡自然保留區」，北區於2001年由台北市政府設立「關渡自然公園」，並由台北鳥會經營，成功開啟台灣第一個實際經營管理野生動物棲地的典範，成績斐然。

立農溼地
小水鴨是觀賞主角

位於石牌立農區，洲美堤防外的河岸溼地，棲地型態為沼澤、池塘、溝渠、耕地、荷田、水稻田、紅樹林。本區鳥況以水鳥為主，但因為面積小，垃圾污染及抽

沙等人爲干擾影響相對較大，棲息於此的鳥類也容易遷往他處。11月至翌年3月仍有大群雁鴨蒞臨，以小水鴨爲大宗。

華江橋濕地
都市中的賞鴨樂園

位於華江橋與中興橋之間，由大漢溪與新店溪匯流沖積而成的沙洲泥灘地及草澤所組成。每年10月到翌年3月，可見到大群雁鴨聚集在泥灘地或河面上活動，以小水鴨數量最多，此外琵嘴鴨、尖尾鴨、白眉鴨也是這裡的常客，是都市中最容易看見雁鴨的地方。此區雖然於民國86年由台北市政府公告爲「台北市野雁保護區」，但缺乏專人管理，不時有非法傾倒廢土、垃圾以及流浪狗干擾雁鴨的事情發生。

港南
金城湖一帶雁鴨多

位於頭前溪口與客雅溪間的海埔地，棲地型態以魚塭、水道、防風林、潮間帶和海埔地爲主。鳥類相豐富，尤以涉禽類爲多，雁鴨出現的地方以金城湖、潮間帶和海埔地比較容易見到。

大肚溪口濕地
秋季賞鴨在北岸，冬季賞鴨在南岸

位於台中縣及彰化縣河海交界處，濕地面積範圍極廣，達三千多公頃，棲地型態包括海域、潮間帶、河流、沙洲、泥灘、新生地及耕作地，本區蘊含大量的底棲生物及魚貝類資源，因此吸引了大批水鳥棲息，是國際自然保育聯盟所列亞洲四大重要濕地之一，同時也是國際鳥盟認定的重要野鳥棲息地（IBA）。過去此區曾有235種鳥類紀錄，但近年由於各項工程的開發已經造成環境日益惡化，因此水鳥已經不復往年興盛。溪口北岸10月至12月以及溪口南岸1月至3月，是賞鴨季節。

鰲鼓
賞鴨在東石農場附近

位於嘉義縣東石鄉鰲鼓村，棲地型態有蔗田、水稻田、防風林、沼澤、鹹水地、紅樹林、河口及潮間帶，本區棲地組成多樣，因此吸引大量水鳥蒞臨。雁鴨科鳥類多在東石農場南側堤防內的鹹水池以及東石農場東北方的淡水池塘活動。

四草
冬季魚塭成雁鴨聚落

四草原先是一個內海，後來逐漸形成沼澤後，再被開發成鹽田，棲地型態有鹽田、水道、運河、溝渠、養殖魚塭。本區面積廣大且擁有豐富的濕地生態，同時也是台灣沿海紅樹林中物種歧異度最高、原始樣貌保存最完整的區域。冬天的養殖魚塭多半呈休息狀態，水深約莫10至15公分，度冬雁鴨多棲於此，常見種類如小水鴨、白眉鴨、琵嘴鴨，偶見數量較少的羅文鴨、青頭潛鴨等。

曾文溪口
雁鴨常現身沙洲

曾文溪出海口因為長久沖積，形成沙洲和廣闊的海埔新生地，造就了豐富的河口溼地生態系，棲地型態為沙洲、北堤浮覆地、魚塭、農地及防風林，每年吸引無數的冬候鳥或過境鳥在此聚集，此外，因為有全球三分之二的黑面琵鷺在此度冬，也成為備受國際矚目的重要溼地。溪口內約50公頃沙洲是度冬雁鴨常出現的地方，常見種類有琵嘴鴨、白眉鴨及小水鴨。

高屏溪口
河中沙洲賞雁鴨與鷗

高屏溪口屬於河口潮間帶，由於淡鹹水在此交會，豐富的有機物質在此沈積，孕育了大量魚貝蝦蟹資源，因此吸引了許多鳥類來此覓食。10月至翌年2月會有眾多冬候鳥到此避冬，11月則為過境鳥高峰期，過境期間常聚集大群鷗科以及雁鴨科鳥類，可以在河中沙洲輕易觀察到。

屏東墾丁龍鑾潭
鳳頭潛鴨族群為全台之冠

為一水澤型溼地，棲地型態為水澤、魚塭、農田、灌叢和次生林，多樣的生態環境吸引許多鳥類，有水鳥天堂的美名，民國83年墾丁國家公園管理處在此設立國內第一座專為鳥類觀賞的展示館——「龍鑾潭自然中心」，館內設有高倍率望遠鏡，可供民眾使用。每年9月至翌年4月為候鳥過境或度冬期，以度冬雁鴨為主，其中鳳頭潛鴨族群為全台之冠。

大坡池
天然沼澤匯集大量雁鴨

位於台東池上鄉，是全台唯一且珍稀的內陸天然沼澤溼地，然而「大坡池風景特定區」規劃後，大部分天然沼澤已人工化。大坡池周邊棲地型態為農田、溝渠、樹叢、池塘，環境十分豐富，共有一百多種鳥類，其中冬候鳥約佔三成，本地留鳥約在六成，冬季有大量雁鴨在此度冬。

金沙水庫
金門重要賞鴨地

位於金門北部沿海一帶，包括榮湖、金沙水庫、田墩海堤、漁塭、西園鹽場及周圍田野，棲地型態為水庫、海堤、泥灘、鹽田、雜木林等。金沙水庫為金門雁鴨科鳥類重要度冬地之一，每年冬季有為數眾多的小水鴨、赤頸鴨、赤膀鴨、花嘴鴨等棲息於此。

金門酒廠
酒糟鴨數量龐大

金門酒廠位於金門城海邊，由於酒廠出水口有大量酒糟排放，食物資源豐富，因此吸引大量度冬雁鴨前往覓食，估計約三、四千隻，種類包括琵嘴鴨、小水鴨、羅文鴨、赤頸鴨、綠頭鴨、花嘴鴨等。

世界瀕危雁鴨名錄

中名	學名	英名	保育等級	受威脅原因
夏威夷萊桑鴨	*Anas laysanensis*	Laysan Duck	嚴重瀕臨滅絕	外來種(植物)・寄生蟲・天災
髮冠秋沙	*Mergus octosetaceus*	Brazilian Merganser	嚴重瀕臨滅絕	棲地破壞
坎貝爾島棕鴨	*Anas nesiotis*	Campbell Island Teal	嚴重瀕臨滅絕	外來種(鼠類)
馬島潛鴨	*Aythya innotata*	Madagascar Pochard	嚴重瀕臨滅絕	外來種(黑鱸魚)・獵捕・污染
粉頭鴨	*Rhodonessa caryophyllacea*	Pink-Headed Duck	嚴重瀕臨滅絕	獵捕
鳳頭麻鴨	*Tadorna cristata*	Crested Shelduck	嚴重瀕臨滅絕	獵捕
鴻雁	*Anser cygnoides*	Swan Goose	瀕臨滅絕	獵捕
白頭硬尾鴨	*Oxyura leucocephala*	White-Headed Duck	瀕臨滅絕	棲地破壞
白翅棲鴨	*Cairina scutulata*	White-Winged Duck	瀕臨滅絕	棲地破壞
棕鴨	*Anas chlorotis*	Brown Teal	瀕臨滅絕	外來種(鼠類、貓)
夏威夷鴨	*Anas wyvilliana*	Hawaiian Duck	瀕臨滅絕	外來種(鼠類、貓)・棲地破壞・獵捕
唐秋沙	*Mergus squamatus*	Chinese Merganser	瀕臨滅絕	棲地破壞・獵捕
山藍鴨	*Hymenolaimus malacorhynchos*	Blue Duck	瀕臨滅絕	外來種(鼬、鱒魚)・棲地破壞
馬島麻斑鴨	*Anas bernieri*	Madagascar Teal	瀕臨滅絕	棲地破壞
麻斑鴨	*Anas melleri*	Meller's Duck	瀕臨滅絕	棲地破壞

＊2004年IUCN紅皮書所列全世界15種亟需保育的瀕臨絕種雁鴨

參考文獻

周怡芳(2000):宜蘭縣無尾港保護區雁鴨族群、活動模式及經營管理之研究。台灣大學森林研究所碩士論文,台北。

Beauchamp, G.(1997): Determinants of intraspecific brood amalgamation in waterfowl. Auk 114: 11-21.

Collar, N.J., Crosby, M.J., and Stattersfield, A.J.(1994):Birds to Watch 2. The World List of Threatened Birds. BirdLife International, Cambridge.

Euliss, Ned H., Jr., and Stanley W. Harris.(1987):Feeding ecology of northern pintails and green-winged teal wintering in California. Journal of Wildlife Management. 51(4):724-732.

Heitmeyer, M. E., and L. H. Fredrickson.(1981):Do wetland conditions in the Mississippi Delta hardwoods influence mallard recruitment? Trans. North Am. Wildl. Nat. Resour. Conf. 46:44-57.

Howard, L.(2003):"Anatidae" (On-line), Animal Diversity Web. Accessed April 01, 2005 at http://animaldiversity.ummz.umich.edu/site/accounts/information/Anatidae.html.

Jorde, D. G., and R. B. Owen.(1988):The need for nocturnal activity and energy budgets of waterfowl. Pp 169-180 in Waterfowl in winter (M. W. Weller, Ed.). Univ. Minnesota Press, Minneapolis.

Johnsgard, P. A. (1997):The Avian Brood Parasites: Deception at the Nest. Oxford niversity Press, New York.

Johnson, K. P., Frank. M., Robert. W., and Michael. S.(2000): The evolution of postcopulatory displays in dabbling ducks (Anatini): a phylogenetic perspectine. Animal Behaviour. 59: 953-963.

Krapu, G. L.(1981):The role of nutrient reserves in mallard reproduction. Auk 98:29-38.

Leopold, F. (1951): A study of nesting Wood Ducks in Iowa. Condor 53: 209-220.

McKinney, F., (1986): Ecological factors influencing the social system of migratory dabbling ducks. In: D.I. Rubenstein and R.W. Wrangham (eds). Ecological aspects of social evolution-birds and mammals, Pp 153-177. Princeton Univ. Press. Princeton, New Jersey.

McKinney, F. & Evarts, S. (1997):Sexual coercion in waterfowl and other birds. Ornithological Monographs, 49, 163-195.

Paulus, S.L. (1984): Activity budgets of nonbreeding Gadwalls in Louisiana. Journal of Wildlife Management. 48:371-380.

Quinlan, E. E., and G. A. Baldassarre. (1984): Activity budgets of nonbreeding green-winged teal on playa lakes in Texas. Journal of Wildlife Management. 48: 38-845.

台灣雁鴨名錄與索引

英名	學名	中名	狀況	分類	頁碼
Lesser whistling duck	*Dendrocygna javanica*	樹鴨	迷	浮鴨類	50
Mute swan	*Cygnus olor*	瘤鵠	迷	天鵝類	52
Whooper swan	*Cygnus cygnus*	黃嘴天鵝	迷	天鵝類	54
Whistling swan	*Cygnus columbianus*	鵠	迷	天鵝類	56
Swan goose	*Anser cygnoides*	鴻雁	迷/過	雁類	58
Greylag goose	*Anser anser*	灰雁	迷	雁類	60
Taiga Bean goose	*Anser fabalis*	豆雁	迷/過	雁類	62
Greater White-fronted goose	*Anser albifrons*	白額雁	迷	雁類	64
Lesser White-fronted goose	*Anser erythropus*	小白額雁	迷	雁類	66
Canada Goose	*Branta canadensis*	加拿大雁	迷	雁類	68
Brent goose	*Branta bernicla*	黑雁	迷	雁類	70
Common shelduck	*Tadorna tadorna*	花鳧	冬/過	浮鴨類	72
Ruddy shelduck	*Tadorna ferruginea*	瀆鳧	冬/過	浮鴨類	74
Cotton Pygmy goose	*Nettapus coromandelianus*	棉鴨	迷	浮鴨類	76
Mandarin duck	*Aix galericulata*	鴛鴦	留/過	浮鴨類	78
European wigeon	*Anas penelope*	赤頸鴨	冬	浮鴨類	80
American wigeon	*Anas americana*	葡萄胸鴨	迷	浮鴨類	82
Falcated duck	*Anas falcata*	羅文鴨	冬/過	浮鴨類	84
Gadwall	*Anas strepera*	赤膀鴨	冬/過	浮鴨類	86
Baikal teal	*Anas formosa*	巴鴨	冬/過	浮鴨類	88
European Green-winged (Common) teal	*Anas crecca*	小水鴨	冬	浮鴨類	90
Mallard duck	*Anas platyrhynchos*	綠頭鴨	冬	浮鴨類	92
Spot-billed duck	*Anas poecilorhyncha*	花嘴鴨	冬/留	浮鴨類	94
Philippine duck	*Anas luzonica*	呂宋鴨	迷	浮鴨類	96
Northern Pintail	*Anas acuta*	尖尾鴨	冬	浮鴨類	98
Garganey	*Anas querquedula*	白眉鴨	冬	浮鴨類	100
Northern shoveler	*Anas clypeata*	琵嘴鴨	冬	浮鴨類	102
Red-crested Pochard	*Netta rufina*	赤嘴潛鴨	迷	潛鴨類	104
Baer's pochard	*Aythya baeri*	青頭潛鴨	冬	潛鴨類	106
Common pochard	*Aythya ferina*	紅頭潛鴨	冬	潛鴨類	108
Tufted duck	*Aythya fuligula*	鳳頭潛鴨	冬	潛鴨類	110
Greater scaup	*Aythya marila*	斑背潛鴨	冬	潛鴨類	112
Ferruginous pochard	*Aythya nyroca*	白眼潛鴨	迷	潛鴨類	114
Canvasback	*Aythya valisineria*	帆背潛鴨	迷	潛鴨類	116
Long-tailed Duck	*Clangula hyemalis*	長尾鴨	迷	潛鴨類	118
White-winged Scoter	*Melanitta fusca*	白翼海番鴨	迷	潛鴨類	120
Common goldeneye	*Bucephala clangula*	鵲鴨	迷	潛鴨類	122
Smew	*Mergus albellus*	白秋沙	迷	潛鴨類	124
Common merganser (Goosander)	*Mergus merganser*	川秋沙	迷	潛鴨類	126
Red-breasted merganser	*Mergus serrator*	紅胸秋沙	迷	潛鴨類	128
Scaly-sided (Chinese) merganser	*Mergus squamatus*	唐秋沙	迷	潛鴨類	130

綠指環圖鑑書 2

雁鴨
台灣雁鴨彩繪圖鑑

作者・繪圖／蔡錦文
總編輯／陳蕙慧
副總編輯／徐偉
主編／張碧員
美術設計／伍慧芳・徐偉

發行人／何飛鵬
法律顧問／中天國際法律事務所　周奇杉律師
出版／商周出版
　　　城邦文化事業股份有限公司
台北市中山區104民生東路二段141號9樓
電話：(02)2500-7008　傳真：(02)2500-7759
E-mail：bwp.service@cite.com.tw

發行／英屬蓋曼群島商家庭傳媒股份有限公司城邦分公司
台北市中山區104民生東路二段141號2樓
讀者服務專線：0800-020-299
24小時傳真服務：(02)2517-0999
讀者服務信箱E-mail：cs@cite.com.tw
劃撥帳號：19833503
戶名：英屬蓋曼群島商家庭傳媒股份有限公司城邦分公司
網址：http://www.cite.com.tw

香港發行所／城邦（香港）出版集團有限公司
香港北角英皇道310號雲華大廈4/F, 504室
電話：25086231　傳真：25789337
馬新發行所／城邦（馬新）出版集團
Cite(M)Sdn.Bhd.(458372U)
11,Jalan 30D/146, Desa Tasik, Sungai Besi, 57000,
Kuala Lumpur, Malaysia
電話：603-9056 3833　傳真：603-9056 2833
E-mail：citekl@cite.com.tw

印刷／中原造像股份有限公司
總經銷／農學社
電話：(02)2917-8022　傳真：(02)2915-6275

行政院新聞局北市業字第913號
著作權所有，翻印必究
2005年10月初版
定價450元

ISBN986-124-498-0　　Printed in Taiwan

國家圖書館出版品預行編目

雁鴨：台灣雁鴨彩繪圖鑑／蔡錦文著.──初版. ──
台北市：商周出版：家庭傳媒城邦分公司發行，
2005〔民94〕
面；　公分. ──（綠指環圖鑑書；2）
參考書目：面
ISBN 986-124-498-0（精裝）

1.雁─台灣─圖錄　2.鴨─台灣─圖錄

388.898024　　　　　　　　　　94018532